普通高等院校机械类"十三五"规划教材

机械精度设计与测量技术

主　编 ◎ 金守峰　宿月文　王西珍

副主编 ◎ 曹亚斌

西南交通大学出版社

·成　都·

内容简介

本书系统地介绍了机械精度设计与测量技术的基本概念、原理和方法。本书简化理论,突出重点,以机械精度设计为主线,利用典型零件贯穿全书,着眼于应用能力的培养。本书分为8章,主要包括机械精度设计的基础知识,互换性与标准化的基本概念,尺寸精度、几何精度、表面粗糙度等精度设计,典型零部件(滚动轴承、键与花键、螺纹和渐开线圆柱齿轮)的精度设计,尺寸链的计算,测量技术基础等内容。

本书可作为机械类专业本科生的教学用书,也可供从事机械设计、制造和测量等工作的工程技术人员参考。

图书在版编目(CIP)数据

机械精度设计与测量技术 / 金守峰,宿月文,王西珍主编. —成都:西南交通大学出版社,2018.9
普通高等院校机械类"十三五"规划教材
ISBN 978-7-5643-6418-2

Ⅰ. ①机… Ⅱ. ①金… ②宿… ③王… Ⅲ. ①机械 – 精度 – 设计 – 高等学校 – 教材②机械元件 – 测量 – 高等学校 – 教材 Ⅳ. ①TH122②TG801

中国版本图书馆 CIP 数据核字(2018)第 211021 号

普通高等院校机械类"十三五"规划教材

机械精度设计与测量技术

主 编／金守峰 宿月文 王西珍

责任编辑／李 伟

封面设计／何东琳设计工作室

西南交通大学出版社出版发行

(四川省成都市金牛区二环路北一段 111 号西南交通大学创新大厦 21 楼 610031)

发行部电话:028-87600564 028-87600533

网址:http://www.xnjdcbs.com

印刷:成都蓉军广告印务有限责任公司

成品尺寸 185 mm×260 mm

印张 13.5 字数 336 千

版次 2018 年 9 月第 1 版 印次 2018 年 9 月第 1 次

书号 ISBN 978-7-5643-6418-2

定价 38.00 元

随着科学技术的发展，机械加工工艺及加工精度也在不断提高，零部件的机械精度设计也随之提升，测量技术也在不断进步。新一代产品几何技术规范（GPS）已基本建立，并覆盖从宏观到微观的产品几何特征，涉及产品开发、设计、制造、使用及维修等产品生命周期的全过程。机械精度设计与测量技术包括互换性与标准化的基本概念，尺寸精度、几何精度、表面粗糙度等精度设计，典型零部件的精度设计，尺寸链的计算，测量技术基础等，内容涉及面广，起着联系设计类课程与工艺类课程的纽带，是从基础课学习过渡到专业课学习的桥梁。

本书在编写过程中，以最新国家标准为指南，贯彻少而精、理论联系实际的原则，针对教学大纲及学时的要求对内容进行了更新和调整，以机械精度设计为主线，力求基本概念清楚、准确，标准化与测量技术内容精练。另外，本书利用互联网信息技术以嵌入二维码的纸质教材为载体，嵌入视频、动画等数字资源，便于学生对本书内容的理解，并采用典型零件贯穿全书，着眼于应用能力的培养。

本书由西安工程大学金守峰、王西珍和宝鸡文理学院宿月文担任主编，由西安工程大学曹亚斌担任副主编。全书由金守峰统稿。另外，西安工程大学研究生范获、陈蓉在资料整理等方面做了大量的工作。

在本书编写过程中，编者参考和引用了国内外优秀的同类参考书籍及相关国家标准，在此对相关作者表示感谢。同时，编者还得到了西南交通大学出版社、西安工程大学机电工程学院等有关部门的大力支持，在此表示由衷的感谢。

本书获得"纺织之光"中国纺织工业联合会高等教育教学改革项目（2017BKJGLX145）、西安工程大学博士基金（BS1535）、西安工程大学规划教材的资助。

由于编者水平有限，书中难免有疏漏和不妥之处，恳请读者予以批评指正。修改意见和建议请发至电子邮箱（jdxyjsf@126.com），编者将不胜感激。

编　者
2018 年 7 月

MULU ‖ 目　录

1 绪 论

1.1 机械产品的几何量精度设计

1.1.1 几何量精度设计概述

在机械产品的设计过程中，通常在进行机械产品的总体开发、方案设计、运动设计、结构设计、强度和刚度设计以外，还必须进行机械产品的几何量精度设计。几何量精度设计是机械产品设计中的重要内容，几何量精度设计是否正确、合理，对机械产品的使用性能和制造成本，以及对企业的经济效益和社会效益都有重要的影响。

机械产品的几何量精度设计以产品的使用功能要求、加工及检测的经济合理性为原则，对构成机械产品零部件的配合部位的配合性质进行设计，确定其各零部件配合部位的配合代号和其他技术要求，并将配合代号和相关要求标注在装配图样上。另外，对产品的各个零部件的尺寸精度、几何精度、表面质量和典型表面精度进行设计，确定零部件上各处的尺寸公差、几何公差、表面粗糙度要求和典型表面精度要求，并在零部件图样上进行正确标注。同时，确定零部件在轴向上的定位精度等。

1.1.2 减速器的几何量精度设计实例

减速器为机械产品中最常见的机械传动装置，减速器的装配图如图 1-1 所示。减速器主要由箱座、箱盖、齿轮轴（输入轴）、输出轴、带孔齿轮、轴承、端盖、键、密封圈、定位销等零部件组成。

减速器由电机或其他动力源通过输入轴的轴端键 5 配合驱动减速器的输入轴 2 转动；输入轴 2 通过该轴的齿轮与输出轴 9 上带孔齿轮 11 啮合，将运动传递给齿轮 11；齿轮 11 再通过输出轴上的键 12 带动输出轴转动，从而实现一级减速的运动传递；最后通过输出轴的轴端键 16 将运动和转矩传递给与之相连接的其他工作机械。

1. 减速器的几何量精度设计

（1）在减速器的装配图样中，确定其各零部件之间配合部位的配合代号或其他技术要求，并进行图样标注，注出相关的技术要求。

（2）经过尺寸链计算，确定输入轴和输出轴上各零部件的轴向尺寸及其公差，以保证零部件在轴向上的定位要求。

（3）在减速器的各零部件图样中，确定各处尺寸公差、几何公差、表面粗糙度要求、键与键槽的公差及齿轮齿面公差要求等，并进行图样标注，注出相关的技术要求。

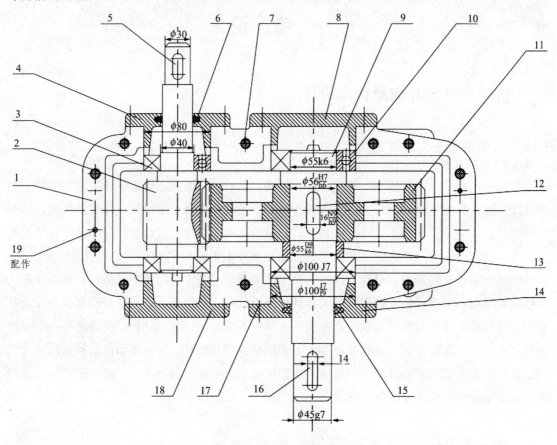

图 1-1 减速器装配图

1—箱座；2—输入轴；3、10—轴承；4、8、14、18—端盖；5、12、16—键；
6、15—密封圈；7—螺钉；9—输出轴；11—带孔齿轮；
13—轴套；17—螺栓垫片；19—定位销

2. 减速器加工、装配和使用过程中遵循的原则

（1）减速器的加工、装配过程。

由图 1-1 可知，该减速器由二十几种零部件组成，有轴承、键、销、螺栓、垫片等标准部件或标准件，有箱座、箱盖、输入轴、输出轴、端盖和轴套等非标准件，还有密封圈、调整垫片等非金属标准件等。这些零部件由不同工厂、不同车间、不同工人生产。例如：轴承是由专业化的轴承制造厂家制造，键、销、螺栓、垫片、密封圈等由专业化的标准件厂生产，非标准件由一般的机械制造厂家加工制造。当这些零部件加工合格后，都汇集到减速器的装配车间。当装配一定批量的减速器时，为了提高装配效率，在装配车间的装配线上，各个装配工位按照一定的节拍进行装配。装配工人在一批相同规格的零部件中不经选择、修配或调整地任取其中一个零部件就能装配在减速器上，最后装配成一台满足预期使用功能要求的减速器。

（2）减速器的使用及修配过程。

减速器使用一段时间后，其中一些易损件，如轴承中的滚动体、密封圈及齿轮齿面等容易磨损。当这些易损件磨损到一定程度后，就会影响减速器的使用功能。这时要求迅速更换易损件，使减速器尽快修复，从而保证减速器尽早可靠地正常工作。

由减速器的加工、装配和使用过程可知，减速器的零部件需要具有相互更换的性能，才能满足加工、装配和修配的要求。零部件的这种在几何量上具有"相互更换"的性能称为几何量互换性，简称"互换性"。互换性原则是全球化、专业化、协作生产中一般都要遵循的原则。

1.2 互换性的意义与作用

1.2.1 互换性的意义

互换性是指机械产品中同一规格的一批零部件，任取其中一件，不需要做任何挑选、调整或附加加工（钳工修配等）就能装到机器或部件上，并且达到预定使用性能要求的一种特性。零部件的互换性是同一规格的零部件按规定的技术要求制造，具有能够彼此相互更换使用而效果相同的性能。机械产品中的自行车、机床、缝纫机上的零部件，一批规格为 M10-6H 的螺母与 M10-6g 螺栓的自由旋合等均具有这样的性质。

对于同一批零部件而言，当材料相同时，其互换性主要取决于几何参数（几何大小、几何形状、相互位置及表面粗糙度等）的要求，实现其可装配性，保证装配精度。为满足使用要求，实际零部件的各项几何参数必须保持在一定的加工精度范围内。

1.2.2 互换性的作用

按互换性原则组织生产，是现代生产的重要技术经济原则之一。互换性的作用主要体现在以下 3 个方面。

（1）在设计方面。

有利于最大限度地采用标准件和通用件，可以大大简化绘图和计算工作过程，缩短设计周期，并便于采用计算机辅助设计（CAD），这对发展系列化产品十分重要。

（2）在制造方面。

有利于组织专业化生产，采用先进工艺和高效率的专用设备及计算机辅助制造（CAM）技术，提高生产效率，提升产品质量，降低生产成本。

（3）在使用和维修方面。

有利于及时更换已经丧失使用功能的零部件，对于某些易损件，可以提供备用件，减少机器的维修时间和费用，保证机器能连续持久地运转，提高了机器的使用寿命。

1.2.3 互换性的种类

1. 按互换性的程度分类

按互换性的程度分类，互换性可分为完全互换性（绝对互换）与不完全互换性（有限互换）。

（1）完全互换。

完全互换是指零部件在装配或更换时，不限定互换范围，以零部件装配或更换时不需要任何挑选或修配为条件，则其互换性为完全互换性。日常生活中使用的日光灯、滚动轴承的外圈外径与箱体座孔直径的配合尺寸、内圈内径与轴颈直径的配合尺寸等均采用完全互换。

（2）不完全互换。

不完全互换是指零部件在装配或更换时，可以根据实际尺寸大小进行分组，各组内零部件实际尺寸差别小，装配时按对应组进行。这种仅组内零部件可以互换，组与组之间不能互换的互换性称为不完全互换性。采用不完全互换是由于零部件精度越高，相配零部件精度要求就越高，加工越困难，制造成本越高。为此，生产中往往把零部件的精度适当降低，以便于制造，然后再根据实测尺寸的大小，将制成的相配零部件分成若干组，使每组内的尺寸差别比较小，再把相应的零部件进行装配。除此分组互换法外，还有修配法、调整法，这些方法主要适用于小批量和单件生产。轴承内、外圈滚道的直径与滚动体直径的结合尺寸，因其装配精度很高，则采用分组互换，即不完全互换。

2. 按标准部件分类

按标准部件分类，互换性可分为外互换和内互换。

（1）外互换是指标准部件与机构之间配合的互换性。滚动轴承外圈外径与座孔直径、滚动轴承内圈内径和轴颈直径的配合尺寸属于外互换。

（2）内互换是指标准部件内部各零部件之间的互换性。滚动轴承内、外圈的滚道直径与滚动体直径的配合尺寸为内互换。

1.2.4 互换性的实施

1. 加工误差

机械产品的零部件具有互换性，也就是说相互更换的两个相同规格的零部件的几何参数应一致。但是，在零部件的加工过程中，由于各种因素（机床误差、刀具误差、切削变形、切削热、刀具磨损等）的影响，导致零部件的几何参数不可避免地存在加工误差。加工误差分为以下几种：

（1）尺寸误差，是指加工后零部件的实际尺寸和理想尺寸之差。尺寸误差包括直径误差、孔距误差等。

（2）几何误差，是指加工后零部件的实际表面形状方向、位置对于其理想形状、方向、位置的偏离程度。几何误差包括直线、平面的形状误差及同轴、相互位置等。

（3）表面粗糙度，是指零部件加工表面上具有的较小间距和峰谷所形成的微观几何形状误差。

由于加工误差的存在，将导致一批相同规格的零部件不能加工成完全一致。

2. 公　差

从满足零部件的互换性要求和机械产品的使用性能出发，也不要求将零部件制造得绝对准确，只要求将零部件的几何参数误差控制在一定范围内，即加工的一批相同规格的零部件的几何参数具有一致性。

允许零部件几何参数变动的范围称为公差。公差包括尺寸公差、几何公差、表面粗糙度要求及典型表面（如键、圆锥、螺纹、齿轮等）公差，通过公差来控制加工误差。公差是由设计人员根据产品使用性能要求给定的，表征使用要求和制造要求的矛盾，反映一批工件对制造精度和经济性能的要求，并体现加工的难易程度。

公差越小，允许的变动量越小，精度越高，互换性越好，制造加工难度越大；公差越大，允许的变动量越大，精度越低，互换性越差，制造加工难度越小。

1.3　标准化与优先数系

在现代生产中，标准化是一项重要的技术措施。任何机械产品的加工制造，往往涉及地区、国内诸多制造厂家和有关部门，甚至还要进行国际间协作。如果没有在一定范围内共同遵守的技术标准，就不能达到"互换性"要求。在汽车工业中，一辆汽车由成千上万个零部件组成，有轴承、螺钉、螺母、销等标准件，有发动机的连杆、曲轴、活塞及活塞销等非标准件，还有轮胎、密封圈、橡胶管等非金属件，这些零部件由不同厂家制造，若不按照统一的技术标准进行生产，就不可能装配成一辆满足使用要求的汽车。

1.3.1　标准与标准化

现代工业生产的特点是规模大，协作单位多，互换性要求高。为了正确协调各生产部门和准确衔接各生产环节，必须有一种协调手段，使分散的局部的生产部门和生产环节保持必要的技术统一，成为一个有机的整体，以实现互换性生产。标准与标准化正是联系这种关系的主要途径和手段，是实现互换性的基础。

1. 标　准

标准是指为了取得国民经济的最佳效果，对需要协调统一的具有重复特征的物品和概念，在总结科学试验和生产实践的基础上，由有关方面协调制定，经主管部门批准后，在一定范围内作为活动的共同准则和依据。

（1）标准按使用范围可分为国家标准（GB）、行业标准（HB）、地方标准（DB）和企业标准（QB）。

（2）标准按作用范围可分为国际标准、区域标准、国家标准、地方标准和试行标准。

（3）标准按标准化对象的特征可分为基础标准、产品标准、方法标准、安全与环境保护标准和卫生标准。

（4）标准按性质可分为技术标准、工作标准和管理标准。

2. 标准化

标准化是指制定、发布和贯彻标准的全过程，包括从调查标准化对象开始，经试验、分析和综合归纳，进而制定和贯彻标准，以后还要修订标准等。标准化是以标准的形式体现的，也是一个不断循环、不断提高的过程。标准化是组织现代化生产的重要手段，是国家现代化水平的重要标志之一。

1926 年，国际社会成立国际标准化协会（ISA），1947 年改名为国际标准化组织（ISO）。ISO9000 系列标准的颁布，使世界各国的质量管理及质量保证的原则、方法和程序都统一在国际标准的基础之上。

1.3.2 优先数和优先数系

在设计和制定标准时，各种产品的功能参数和几何参数均用数值表示，即要涉及各种技术参数，而这些参数值不仅与自身的技术特性有关，还直接或间接地影响与其配套系列产品的参数值。螺母直径的数值，影响并决定螺钉直径数值以及丝锥、螺纹量规、钻头等系列产品的直径数值。由于技术参数在数值间的关联所产生的扩散称为"数值扩散"。为满足不同的需求，产品必然出现不同的规格，形成系列产品。产品数值的杂乱无章会给组织生产、协作配套、使用维修带来困难。因此，工程技术中的各种技术参数必须是标准的，并且是简化的、协调的、统一的数或数系。

优先数及优先数系是一种科学的数值制度，也是国际上统一的数值分级制度，不仅适用于标准的制定，也适用于标准制定前的规划、设计，从而把产品品种的发展引向科学的标准化的轨道。因此，优先数系是一个国际上统一的重要的基础标准。国家标准 GB/T 321—2005《优先数和优先数系》规定优先数系是一种十进制的等比数列，并规定了 5 个系列，按优先顺序分别为 R5、R10、R20、R40、R80，称之为 Rr 系列，r 为项数。其中，R5、R10、R20、R40 为基本系列，R80 为补充系列。优先数系中的每个数值称为优先数，理论值为无理数，在实践中不能直接应用，实际应用的均为经过圆整后的近似值。优先数系的基本系列在 1～10 范围内的常用值如表 1-1 所示。

优先数与优先数系的特点：

（1）各段数值间按 10^N 或 $1/10^N$（N 为正整数）来划分，可以向两端扩展。

例 1-1：R5（0.1 ~ 100）= <u>0.1，0.16，0.25，0.4，0.63</u>，1，1.6，2.5，4.0，6.3，<u>10，16，25，40，63，100</u>。

第一个数为 10，按 R5 系列确定后 5 项优先数 R5 = $\boxed{10}$，16，25，40，63。

表 1-1　优先数系基本系列的常用数值（摘自 GB/T 321—2005）

基本系列	1 ~ 10 的常用数值									
R5	1.00		1.60		2.50		4.00		6.30		10.00
R10	1.00	1.25	1.60	2.00	2.50	3.15	4.00	5.00	6.30	8.00	10.00
R20	1.00	1.12	1.25	1.40	1.60	1.80	2.00	2.24	2.50	2.80	
	3.15	3.55	4.00	4.50	5.00	5.60	6.30	7.10	8.00	9.00	10.00
R40	1.00	1.06	1.12	1.18	1.25	1.32	1.40	1.50	1.60	1.70	1.80
	1.90	2.00	2.12	2.24	2.36	2.50	2.65	2.80	3.00	3.15	3.35
	3.55	3.75	4.00	4.25	4.50	4.75	5.00	5.30	5.60	6.00	6.30
	6.70	7.10	7.50	8.00	8.50	9.00	9.50	10.00			

（2）随着项数 r 的增大，数值间隔变得密集，随着项数的减小，数值间隔变得稀疏。

（3）大公比的优先数系包含小公比的优先数系，即 R5 系列包含在 R10 系列中，R10 系列包含在 R20 系列中，R20 系列包含在 R40 系列中，R40 系列包含在 R80 系列中。

（4）派生优先数系。

为了使优先数系有更大的适应性，可以从 Rr 系列中，每逢 p 项选取一个优先数组成新的系列，称之为派生优先数系，用符号 Rr/p 表示。

例 1-2：首项为 1 的派生系列 R5/2 就是从基本系列 R5 中，每逢两项取一个优先数组成的，即 1.00，2.50，6.30，16.00，40.00，…；首项为 1 的派生系列 R10/3 就是从基本系列 R10 中，每逢三项取一个优先数组成的，即 1.00，2.00，4.00，8.00，…。

为了满足技术与经济的要求，优先数系的选用原则为优先选用公比较大的基本系列，按 R5、R10、R20、R40 的顺序选用，而且允许采用补充系列（R80）。在确定零部件的尺寸时，应尽量采用优先数系的常用值。

例 1-3：图 1-1 中减速器输入轴直径的最小尺寸通过计算为 40.15 mm，则输入轴直径的公称尺寸按优先数系取值为 40 mm。

2 尺寸精度设计

2.1 尺寸精度设计要求

在减速器的装配图 1-1 中，根据使用要求不同，零部件之间的结合关系可归纳为以下三类。

1. 用作相对运动副

这类结合用于具有相对转动和移动的机构中。轴承与轴颈的结合、导轨与滑块的结合均属于此类结合，这类结合必须保证有一定的配合间隙。

2. 用作固定连接

这类结合多用于旋转零部件，由于结构上的特点，将整体零件分为两部分，再通过装配构成固定的连接。齿轮轴上齿轮和轴的结合属于此类结合，这类结合必须保证一定的过盈，以传递足够的扭矩或轴向力时不打滑。

3. 用作定位可拆连接

这类结合主要用于保证有较高的同轴度和在不同修理周期下能拆卸的一种结构，所传递的扭矩比固定连接小，只起定位作用。齿轮与轴的结合、键和键槽的结合属于此类结合，这类结合必须保证有一定的过盈量，但也不能太大。

各零部件之间的结合关系均反映了轴与孔的结合，类似这种结合关系在机械产品中广泛应用，为了满足这种关系，关键在于合理设计孔和轴的尺寸精度。为此，国家技术监督局批准，颁布了一系列国家标准：GB/T 1800.1—2009《产品几何技术规范（GPS）极限与配合第 1 部分：公差、偏差和配合的基础》、GB/T 1800.2—2009《产品几何技术规范（GPS）极限与配合第 2 部分：标准公差等级和孔、轴极限偏差表》、GB/T 1801—2009《产品几何技术规范（GPS）极限与配合公差带和配合的选择》、GB/T 1801—2009《产品几何技术规范（GPS）极限与配合公差带和配合的选择》、GB/T 1804—2000《一般公差未注公差的线性和角度尺寸的公差》。

2.2 尺寸精度设计的基本术语和定义

2.2.1 尺寸的基本术语和定义

国家标准 GB/T 1800.1—2009 中对孔和轴规定了广义的定义，孔和轴不仅仅局限于圆柱形的内、外表面，也扩展到非圆柱形的内、外表面。如图 2-1 所示，在圆柱与孔、键与键槽的结合中，圆柱和键均为轴，圆孔与键槽均为孔。

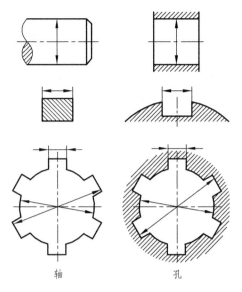

轴　　　　　　　孔

图 2-1　孔与轴

1. 孔和轴

（1）孔。

孔通常是指工件的圆柱形内尺寸要素，也包括非圆柱形的内尺寸要素（由两平行平面或切平面形成的包容面），孔的直径尺寸用 D 表示。如图 2-2 所示，由 D_1、D_2、$\cdots$、D_4 所确定的部分均为孔。

（2）轴。

轴通常是指工件的圆柱形外尺寸要素，也包括非圆柱形的外尺寸要素（由两平行平面或切平面形成的被包容面），轴的直径尺寸用 d 表示。如图 2-2 所示，由 d_1、d_2、$\cdots$、d_4 所确定的部分均为轴。

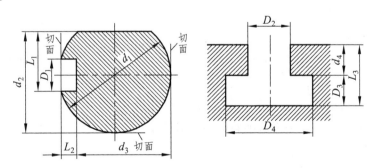

图 2-2　孔与轴的尺寸

从装配关系看，孔是包容面，轴是被包容面；从广义方面看，孔和轴既可以是圆柱形的，也可以是非圆柱形的；从加工过程看，随着加工余量的切除，孔的尺寸由小变大，轴的尺寸由大变小。

2. 尺　寸

尺寸是指用特定单位表示线性尺寸值的数值，如直径、长度、宽度、高度、深度等均为尺寸。尺寸必须带有单位，工程上规定，图样上的尺寸数值的特定单位为毫米（mm）。

（1）公称尺寸。

公称尺寸是指由图样规范确定的理想形状要素的尺寸。设计者根据使用要求，通过刚度、强度等计算，或按照空间尺寸、结构位置通过试验和类比方法确定后，从国标中查取的标准数值。公称尺寸可以为整数或小数。

（2）提取组成要素的局部尺寸。

提取组成要素的局部尺寸是指一切提取组成要素上两对应点之间距离的统称，孔和轴的提取组成要素的局部尺寸分别用 D_a 和 d_a 表示。它是通过测量得到的，由于存在测量误差，实际尺寸并非尺寸真值。由于形状误差等影响，零件同一表面不同部位的实际尺寸往往是不相等的，造成尺寸的"不确定性"，影响孔、轴的实际状态。

（3）作用尺寸。

作用尺寸是指由形状误差和局部尺寸综合作用下的尺寸，如图 2-3 所示。

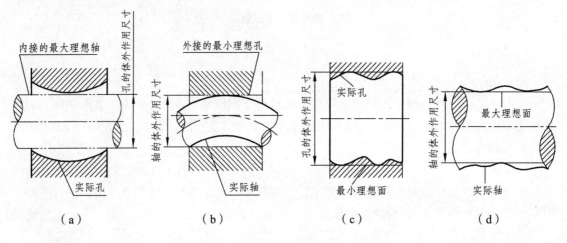

图 2-3　作用尺寸

① 体外作用尺寸。

孔与轴结合，在结合面全长上，与实际孔内接的最大理想轴的尺寸，如图 2-3（a）所示；孔与轴结合，在结合面全长上，与实际轴外接的最小理想孔的尺寸，如图 2-3（b）所示。

若零件没有形状误差，则作用尺寸等于局部尺寸，弯曲轴的作用尺寸大于该轴的最大局部尺寸；弯曲孔的作用尺寸小于该轴的最小局部尺寸。

② 体内作用尺寸。

在结合面全长上，与实际孔体内相接的最小理想面，或与实际轴体内相接的最大理想面的直径或宽度称为体内作用尺寸，如图 2-3（c）、（d）所示。

（4）极限尺寸。

极限尺寸是指尺寸要素允许的尺寸的两个极端值，即上极限尺寸和下极限尺寸，如图 2-4 所示。

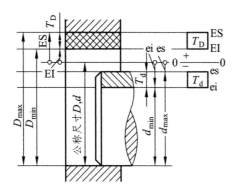

图 2-4　极限尺寸、公差与偏差

① 上极限尺寸。

上极限尺寸是尺寸要素允许的最大尺寸，是指两个极限尺寸中较大的一个。孔和轴的上极限尺寸分别用 D_{max} 和 d_{max} 表示。

② 下极限尺寸。

下极限尺寸是尺寸要素允许的最小尺寸，是指两个极限尺寸中较小的一个。孔和轴的下极限尺寸分别用 D_{min} 和 d_{min} 表示。

提取组成要素的局部尺寸应位于极限尺寸之间，也可以等于极限尺寸。

2.2.2　偏差与公差的基本术语和定义

尺寸偏差简称偏差，是指某一尺寸（极限尺寸、提取组成要素的局部尺寸）与公称尺寸的代数差，偏差的数值可以为正、零、负。在计算和标注时，偏差除零以外必须带有正号或负号。

1. 偏　差

（1）实际偏差。

实际偏差是指提取组成要素的局部尺寸减去公称尺寸所得的代数差。对于单个零件，只能测出尺寸的实际偏差。

（2）极限偏差。

极限偏差是指极限尺寸减去公称尺寸所得的代数差，包括上极限偏差和下极限偏差。极限偏差可以用于限制实际偏差。

① 上极限偏差。

上极限尺寸减去公称尺寸所得的代数差称为上极限偏差（简称上偏差）。孔的上极限偏差用 ES 表示，轴的上极限偏差用 es 表示，计算公式为

$$ES = D_{max} - D$$

$$es = d_{max} - d$$

② 下极限偏差。

下极限尺寸减去公称尺寸所得的代数差称为下极限偏差（简称下偏差）。孔的下极限偏差用 EI 表示，轴的下极限偏差用 ei 表示，计算公式为

$$EI = D_{min} - D$$

$$ei = d_{min} - d$$

极限偏差取决于加工机床的调整，不反映加工的难易程度。

2. 尺寸公差

尺寸公差为允许尺寸的变动量，简称公差。公差等于上极限尺寸与下极限尺寸之代数差的绝对值，也等于上极限偏差与下极限偏差之代数差的绝对值，因此，公差在数值上一定为正值。公差用于限制误差，表征制造精度，反映加工的难易程度。

孔和轴的公差分别用 T_D 和 T_d 表示。公差、极限尺寸及极限偏差的关系为

$$T_D = | D_{max} - D_{min} | = |ES - EI|$$

$$T_d = | d_{max} - d_{min} | = |es - ei|$$

经标准化的公差与偏差制度称为极限制。

3. 尺寸公差带图

公差带图是表示公差尺寸、极限偏差、公差以及孔与轴配合关系的图解。如图 2-5 所示，图中公称尺寸的单位为毫米（mm），偏差与公差的单位为微米（μm）。

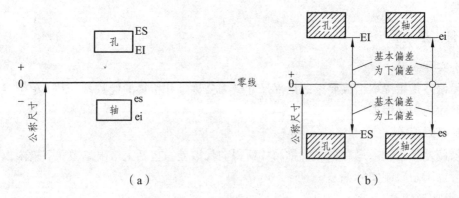

（a）　　　　　　　　　　　　　（b）

图 2-5　公差带图

尺寸公差带图由零线和孔、轴公差带两部分组成。

（1）零线。

在公差带图中，表示公称尺寸的一条直线称为零线，如图 2-5 所示，以其为基准确定偏差和公差，正偏差位于零线的上方，负偏差位于零线的下方。画公差带图时，零线沿水平方向绘制，应标注零线、公称尺寸数值和"+、0、-"等符号。

（2）公差带。

在公差带图中，由代表上、下极限偏差或上、下极限尺寸的两条直线所限定的一个区域称为公差带，如图2-5所示。公差带包括公差带大小与公差带位置两个基本参数。

公差带大小由标准公差确定，标准公差为国家标准中规定的，用以确定公差带大小的任一公差，公差反映公差带大小，影响配合精度。

公差带位置由基本偏差确定，基本偏差为国家标准规定的用于标准化公差位置的上极限偏差或下极限偏差，一般为靠近零线或位于零线的那个极限偏差。极限偏差主要反映公差带位置，影响配合的松紧程度。

在绘制公差带图时，由垂直零线方向的高度代表公差值，水平方向的长度可适当截取。

2.2.3 配合与配合制的基本术语和定义

1. 配合与配合公差

（1）配合。

配合是指公称尺寸相同的，相互结合的孔和轴公差带之间的关系，如图2-6所示。根据配合的定义，配合是指一批孔和轴的装配关系，而不是单个孔和轴的相互配合。

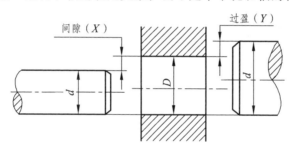

图2-6 间隙与过盈

孔的尺寸减去相配合轴的尺寸所得的代数差，当差值为正时，称为间隙，用X表示；当差值为负时，称为过盈，用Y表示。

（2）配合公差。

配合公差是指允许间隙或过盈的变动量，等于组成配合的孔和轴的公差之和。配合公差表征装配后的配合精度，是评价配合质量的一个重要指标。

2. 配合种类

根据孔和轴公差带的相对位置关系，可将配合分为间隙配合、过盈配合和过渡配合三类。

（1）间隙配合。

具有间隙（包括最小间隙等于零）的配合称为间隙配合。此时，孔的公差带在轴的公差带之上，如图2-7所示。

配合种类

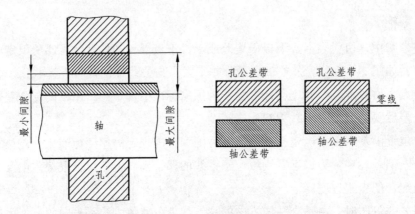

图 2-7　间隙配合

孔的上极限尺寸减去轴的下极限尺寸所得的代数差称为最大间隙，用 $X_{\max}$ 表示，即

$$X_{\max} = D_{\max} - d_{\min} = \mathrm{ES} - \mathrm{ei}$$

孔的下极限尺寸减去轴的上极限尺寸所得的代数差称为最小间隙，用 $X_{\min}$ 表示，即

$$X_{\min} = D_{\min} - d_{\max} = \mathrm{EI} - \mathrm{es}$$

配合公差（或间隙公差）是指允许间隙的变动量，等于最大间隙与最小间隙之代数差的绝对值，也等于相互配合的孔公差与轴公差之和。配合公差用 T_{f} 表示，即

$$T_{\mathrm{f}} = \left| X_{\max} - X_{\min} \right| = T_{\mathrm{D}} + T_{\mathrm{d}}$$

（2）过盈配合。

具有过盈（包括最小过盈等于零）的配合称为过盈配合。此时，孔的公差带位于轴的公差带下方，如图 2-8 所示。

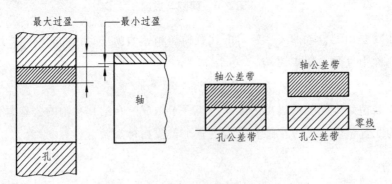

图 2-8　过盈配合

孔的下极限尺寸减去轴的上极限尺寸所得的代数差称为最大过盈，用 $Y_{\max}$ 表示，即

$$Y_{\max} = D_{\min} - d_{\max} = \mathrm{EI} - \mathrm{es}$$

孔的上极限尺寸减去轴的下极限尺寸所得的代数差称为最小过盈，用 $Y_{\min}$ 表示，即

$$Y_{\min} = D_{\max} - d_{\min} = \text{ES} - \text{ei}$$

配合公差（或过盈公差）是指允许过盈的变动量，它等于最小过盈与最大过盈之代数差的绝对值，也等于相互配合的孔公差与轴公差之和。配合公差用 T_f 表示，即

$$T_f = \left| Y_{\min} - Y_{\max} \right| = T_D + T_d$$

（3）过渡配合。

可能具有间隙或过盈的配合称为过渡配合。此时，孔的公差带与轴的公差带相互交叠，如图 2-9 所示。

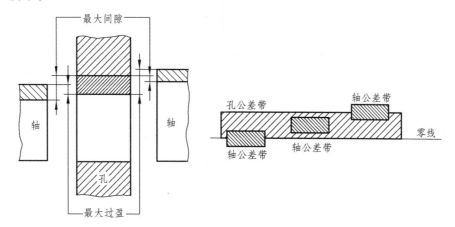

图 2-9 过渡配合

在过渡配合中，其配合的极限情况是最大间隙与最大过盈。

最大间隙与最大过盈的平均值为平均间隙或平均过盈，即

$$X_{\text{av}}(Y_{\text{av}}) = (X_{\max} + Y_{\max})/2$$

配合公差等于最大间隙与最大过盈之代数差的绝对值，也等于相互配合的孔与轴公差之和，配合公差用 T_f 表示，即

$$T_f = \left| X_{\max} - Y_{\max} \right| = T_D + T_d$$

3. 配合制

为了满足三种配合要求，GB/T 1800.1—2009 规定了两种等效的配合制，即基孔制配合和基轴制配合。配合制是同一极限制的孔和轴组成配合的一种制度，也称基准制。

（1）基孔制配合。

基孔制配合是指基本偏差为一定的孔的公差带，与不同基本偏差的轴的公差带形成各种配合的一种制度。基孔制配合的孔为基准孔，代号为 H，它是配合的基准件，与其配合的轴为非基准件。基准孔的下偏差 EI 为基本偏差，且 EI = 0，如图 2-10 所示。

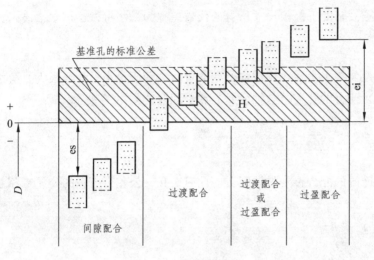

基准制

图 2-10　基孔制配合

（2）基轴制配合。

基轴制配合是指基本偏差为一定的轴的公差带，与不同基本偏差的孔的公差带形成各种配合的一种制度。基轴制配合的轴为基准轴，代号为 h，它是配合的基准件，与其配合的孔为非基准件。基准轴的上偏差 es 为基本偏差，且 es = 0，如图 2-11 所示。

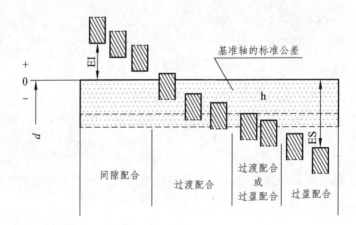

图 2-11　基轴制配合

基孔制配合和基轴制配合构成了两种等效的配合系列，即在基孔制配合中规定的配合种类在基轴制配合中也有相应的同名配合。

2.3　极限与配合国家标准

极限与配合的国家标准是按标准公差系列标准化和基本偏差系列标准化的原则制定的。

2.3.1 标准公差系列

标准公差是国家标准规定的用以确定公差带大小的任一公差值,它是按以下原则制定的。

1. 标准公差因子

生产实践和试验统计表明,对于公称尺寸相同的零件,可按公差大小评定其尺寸制造精度的高低;但是对于公称尺寸不同的零件,其公差大小就不能评定其尺寸制造精度。因此,为了评定尺寸精度等级或公差等级的高低,合理规定公差数值,就需要建立标准公差因子。

标准公差因子是计算标准公差的基本单位,是制定标准公差系列的基础,标准公差因子与公称尺寸之间具有一定的关系。

当公称尺寸≤500 mm 时,标准公差因子 i(单位符号为μm)的计算公式为

$$i = 0.45\sqrt[3]{D} + 0.001D \tag{2-1}$$

式中 D——公称尺寸分段的计算尺寸(mm)。

式(2-1)的第一项反映了加工误差随公称尺寸的变化关系,第二项反映了测量误差随公称尺寸的变化关系。

当公称尺寸>500～3 150 mm 时,标准公差因子 I(单位符号为μm)的计算公式为

$$I = 0.004D + 2.1 \tag{2-2}$$

式(2-2)表明,对于大尺寸零件而言,测量误差主要受温度变化的影响,且随公称尺寸变化呈线性关系。

2. 标准公差等级

在公称尺寸一定的情况下,公差等级系数是决定标准公差大小的唯一参数。

在公称尺寸≤500 mm 的常用尺寸范围内规定了 20 个标准公差等级,以 IT 后加阿拉伯数字表示,即 IT01、IT0、IT1、IT2、…、IT18。IT 表示标准公差,即国标公差(ISO Tolerance)的编写代号。如 IT8 表示标准公差 8 级或 8 级标准公差。从 IT01 到 IT18,等级依次降低,而相应的标准公差值依次增大。属于同一等级的公差,对于所有公称尺寸,虽然公差值不同,但精度等同。公称尺寸≤500 mm 的标准公差的计算公式如表 2-1 所示。

表 2-1 公称尺寸≤500 mm 的标准公差的计算公式

公差等级	公　式	公差等级	公　式	公差等级	公　式
IT01	$0.3 + 0.008D$	IT5	$7i$	IT12	$160i$
IT0	$0.5 + 0.012D$	IT6	$10i$	IT13	$250i$
IT1	$0.8 + 0.020D$	IT7	$16i$	IT14	$400i$
IT2	$(\text{IT1})\left(\dfrac{\text{IT5}}{\text{IT1}}\right)^{1/4}$	IT8	$25i$	IT15	$640i$
		IT9	$40i$	IT16	$1\,000i$
IT3	$(\text{IT1})\left(\dfrac{\text{IT5}}{\text{IT1}}\right)^{1/2}$	IT10	$64i$	IT17	$1\,600i$
IT4	$(\text{IT1})\left(\dfrac{\text{IT5}}{\text{IT1}}\right)^{3/4}$	IT11	$100i$	IT18	$2\,500i$

GB/T 1800.1—2009 规定了公称尺寸>500～3 150 mm 的大尺寸范围内的标准公差等级为18 个，各级公差值的计算公式如表 2-2 所示

表 2-2　公称尺寸在 500～3 150 mm 的各级标准公差计算公式

公差等级	公　式	公差等级	公　式	公差等级	公　式
IT01		IT5	$7I$	IT12	$160I$
IT0		IT6	$10I$	IT13	$250I$
IT1	$2I$	IT7	$16I$	IT14	$400I$
IT2	$2.7I$	1T8	$25I$	IT15	$640I$
		IT9	$40I$	IT16	$1\,000I$
IT3	$3.7I$	IT10	$64I$	IT17	$1\,600I$
IT4	$5I$	IT11	$100I$	IT18	$2\,500I$

3. 公称尺寸分段

根据表 2-1 中标准公差计算公式，每一个公称尺寸都对应一个公差值。但是在实际生产实践中，公称尺寸很多，结果导致一个庞大的标准公差数值表，同时公称尺寸变化不大时，其公差值很接近，这样都给设计、生产带来不便。为了减少标准公差的数量，统一标准公差值，简化公差表格，以便于生产实际应用，国家标准对公称尺寸进行了分段，具体分段情况如表 2-3 所示。在公差表格中，一般使用主段落，对于过盈或间隙比较敏感的一些配合，使用分段比较密的中间段落。

表 2-3　公称尺寸分段

主段落		中间段落		主段落		中间段落	
大于	至	大于	至	大于	至	大于	至
—	3	无细分段		250	315	250	280
						280	315
3	6			315	400	315	355
6	10					355	400
10	18	10	14	400	500	400	450
		14	18			450	500
18	30	18	24	500	630	500	560
		24	30			560	630
30	50	30	40	630	800	630	710
		40	50			710	800
50	80	50	65	800	1 000	800	900
		65	80			900	1 000
80	120	80	100	1 000	1 250	1 000	1 120
		100	120			1 120	1 250

主段落		中间段落		主段落		中间段落	
大于	至	大于	至	大于	至	大于	至
120	180	120	140	1 250	1 600	1 250 1 400	1 400 1 600
		140	160	1 600	2 000	1 600 1 800	1 800 2 000
		160	180				
180	250	180	200	2 000	2 500	2 000 2 240	2 240 2 500
		200	225				
		225	250	2 500	3 150	2 500 2 800	2 800 3 150

公称尺寸分段后，相同公差等级的同一公称尺寸分段内的所有公称尺寸的标准公差值均相同。

在标准公差的计算公式中，公称尺寸均以所属尺寸分段内首、尾两项的几何平均值 $D = \sqrt{D_1 D_2}$ 进行计算。按几何平均值计算出的公差数值，再经尾数化整，即得出标准公差数值。由标准公差数值构成的表格为标准公差数值表，如表 2-4 所示。

表 2-4 标准公差数值表

公称尺寸 /mm		标准公差等级																				
		IT01	IT0	IT1	IT2	IT3	IT4	IT5	IT6	IT7	IT8	IT9	IT10	IT11	IT12	IT13	IT14	IT15	IT16	IT17	IT18
大于	至	/μm														/mm					
—	3	0.3	0.5	0.8	1.2	2	3	4	6	10	14	25	40	60	100	0.14	0.25	0.4	0.6	1	1.4
3	6	0.4	0.6	1	1.5	2.5	4	5	8	12	18	30	48	75	120	0.18	0.3	0.48	0.75	1.2	1.8
6	10	0.4	0.6	1	1.5	2.5	4	6	9	15	22	36	58	90	150	0.22	0.36	0.58	0.9	1.5	2.2
10	18	0.5	0.8	1.2	2	3	5	8	11	18	27	43	70	110	180	0.27	0.43	0.7	1.1	1.8	2.7
18	30	0.6	1	1.5	2.5	4	6	9	13	21	33	52	84	130	210	0.33	0.52	0.84	1.3	2.1	3.3
30	50	0.6	1	1.5	2.5	4	7	11	16	25	39	62	100	160	250	0.39	0.62	1	1.6	2.5	3.9
50	80	0.8	1.2	2	3	5	8	13	19	30	46	74	120	190	300	0.46	0.74	1.2	1.9	3	4.6
80	120	1	1.5	2.5	4	6	10	15	22	35	54	87	140	220	350	0.54	0.87	1.4	2.2	3.5	5.4
120	180	1.2	2	3.5	5	8	12	18	25	40	63	100	160	250	400	0.63	1	1.6	2.5	4	6.3
180	250	2	3	4.5	7	10	14	20	29	46	72	115	185	290	460	0.72	1.15	1.85	2.9	4.6	7.2
250	315	2.5	4	6	8	12	16	23	32	52	81	130	210	320	520	0.81	1.3	2.1	3.2	5.2	8.1
315	400	3	5	7	9	13	18	25	36	57	89	140	230	360	570	0.89	1.4	2.3	3.6	5.7	8.9
400	500	4	6	8	10	15	20	27	40	63	97	155	250	400	630	0.97	1.55	2.5	4	6.3	9.7
500	630	—	—	9	11	16	22	32	44	70	110	175	280	440	700	1.1	1.75	2.8	4.4	7	11
630	800	—	—	10	13	18	25	36	50	80	125	200	320	500	800	1.25	2	3.2	5	8	12.5
800	1 000	—	—	11	15	21	28	40	56	90	140	230	360	560	900	1.4	2.3	3.6	5.6	9	14
1 000	1 250	—	—	13	18	24	33	47	66	105	165	260	420	660	1 050	1.65	2.6	4.2	6.6	10.5	16.5
1 250	1 600	—	—	15	21	29	39	55	78	125	195	310	500	780	1 250	1.95	3.1	5	7.8	12.5	19.5
1 500	2 000	—	—	18	25	35	46	65	92	150	230	370	600	920	1 500	2.3	3.7	6	9.2	15	23
2 000	2 500	—	—	22	30	41	55	78	110	175	280	440	700	1 100	1 750	2.8	4.4	7	11	17.5	28
2 500	3 150	—	—	26	36	50	68	96	135	210	330	540	860	1 350	2 100	3.3	5.4	8.6	13.5	21	33

注：公称尺寸 ≤ 1 mm 时，无 IT4 ~ IT8。

由表 2-4 可知，相同的公称尺寸，其公差值的大小能够反映公差等级的高低。这时公差数值越大，则公差等级越低；相反，公差数值越小，则公差等级越高。对于不同的公称尺寸，公差数值不能反映公差等级的高低。公差等级越高，加工越难；公差等级越低，加工越容易。

2.3.2 基本偏差系列

基本偏差是 GB/T 1800.1—2009 中确定零件公差带相对零线位置的上极限偏差或下极限偏差，它是公差带位置标准化的唯一指标。除 JS 和 js 以外，基本偏差均指靠近零线的偏差，它与公差等级无关。而 JS 和 js 的公差带对称于零线分布，其基本偏差是上极限偏差或下极限偏差，它与公差等级有关。

1. 基本偏差代号

不同基本偏差决定了公差带相对零线的位置，各种位置的公差带与基准形成不同的配合，因此配合的数量取决于基本偏差的数量。为了满足各种松紧程度不同的配合需求，同时尽量减少配合种类，国家标准对孔和轴分别规定了用拉丁字母表示的 28 个基本偏差的代号，其中大写字母代表孔，小写字母代表轴。在 26 个字母中，除去易与其他混淆的 5 个字母，如 I、L、O、Q、W（i、l、o、q、w），再加上 7 个双字母表示的代号（CD、EF、FG、JS、ZA、ZB、ZC 和 cd、ef、fg、js、za、zb、zc），共有 28 个代号，即孔和轴各有 28 个基本偏差。其中 JS 和 js 在各个公差等级中相对零线是完全对称的。JS、js 将逐渐代替近似对称的基本偏差 J 和 j。因此在国家标准中，孔仅保留 J6、J7 和 J8，轴仅保留 j5、j6、j7 和 j8。基本偏差代号如图 2-12 所示。

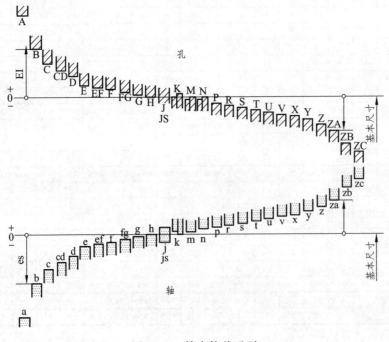

图 2-12　基本偏差系列

对于轴的基本偏差代号，a～h 的基本偏差为上极限偏差 es，且 es≤0，其绝对值依次减小；j～zc 的基本偏差为下极限偏差 ei，且 ei>0（除 js、j），其绝对值逐渐增大。

对于孔的基本偏差代号，A～H 的基本偏差为下极限偏差 EI，且 EI≥0，其绝对值依次减小；J～ZC 的基本偏差为上极限偏差 ES，且 ES>0（除 JS、J），其绝对值依次增大。

H 和 h 的基本偏差为零。

在图 2-12 中，基本偏差系列各公差带只画出一端，另一端未画出，因为它取决于公差带的大小。

2. 轴的基本偏差数值

轴的基本偏差是在基孔制的基础上制定的，根据科学试验和生产实践，轴的各种基本偏差的计算公式如表 2-5 所示。

表 2-5　轴的基本偏差计算公式

公称尺寸/mm		轴			公　式
大于	至	基本偏差	符号	极限偏差	
1	120	a	－	es	$265 + 1.3D$
120	500				$3.5D$
1	160	b	－	es	$\approx 140 + 0.85D$
160	500				$\approx 1.8D$
0	40	c	－	es	$52D^{0.2}$
40	500				$95 + 0.8D$
0	10	cd	－	es	C、c 和 D、d 值的几何平均值
0	3 150	d	－	es	$16D^{0.44}$
0	3 150	e	－	es	$11D^{0.41}$
0	10	ef	－	es	E、e 和 F、f 值的几何平均值
0	3 150	f	－	es	$5.5D^{0.41}$
0	10	fg	－	es	F、f 和 G、g 值的几何平均值
0	3 150	g	－	es	$2.5D^{0.34}$
0	3 150	h	无符号	es	偏差 = 0
0	500	j			无公式
0	3 150	js	＋ －	es ei	$0.5ITn$
0	500	k	＋	ei	$0.6\sqrt[3]{D}$
0	3 150		无符号		偏差 = 0
0	500	m	＋	ei	IT7 ~ IT6
500	3 150				$0.024D + 12.6$
0	500	n	＋	ei	$5D^{0.34}$
500	3 150				$0.04D + 21$
0	500	p	＋	ei	$IT7 + 0 \sim 5$
500	3 150				$0.072D + 37.8$
0	3 150	r	＋	ei	P、p 和 S、s 值的几何平均值

公称尺寸/mm		轴			公式
大于	至	基本偏差	符号	极限偏差	
0	50	s	+	ei	IT8 + 1 ~ 4
50	3 150				IT7 + 0.4D
24	3 150	t	+	ei	IT7 + 0.63D
0	3 150	u	+	ei	IT7 + D
14	500	v	+	ei	IT7 + 1.25D
0	500	x	+	ei	IT7 + 1.6D
18	500	y	+	ei	IT7+2D
0	500	z	+	ei	IT7 + 2.5D
0	500	za	+	ei	IT8 + 3.15D
0	500	zb	+	ei	IT9 + 4D
0	500	zc	+	ei	IT10 + 5D

a ~ h 用于间隙配合，当与基准孔配合时，这些轴的基本偏差的绝对值正好等于最小间隙的绝对值，如图 2-12 所示。基本偏差 a、b、c 用于大间隙或热动配合，考虑发热膨胀的影响，采用与直径成正比的关系（其中 c 适用于直径>40 mm 时）。基本偏差 d、e、f 主要用于旋转运动，为保证良好的液体摩擦，从理论上讲，最小间隙应按直径的平方根关系来计算，但考虑到表面粗糙度的影响，将间隙适当减小。g 主要用于滑动或半液体摩擦及要求定心的配合，间隙要小，故直径的指数要小。cd、ef、fg 的绝对值，分别按 c 与 d、e 与 f、f 与 g 的绝对值的几何平均值确定，适用于尺寸较小的旋转运动件。

js、j、k、m、n 五种为过渡配合。其中 js 与 H 形成的配合较松，获得间隙的概率较大，此后，配合依次变紧；n 与 H 形成的配合较紧，获得过盈的概率较大。而标准公差等级很高的 n 与 H 形成的配合则为过盈配合。这是这五种轴的基本偏差与基准孔基本偏差 H 相配合的情况。

p ~ zc 按过盈配合来规定，从保证配合的主要特征从最小过盈来考虑，如图 2-12 所示，而且大多数按它们与最常用的基准孔 H7 相配合为基础来考虑。p 比 IT7 大 n 个微米，故 p 轴与 H7 孔配合时，有 n 个微米的最小过盈，这是最早使用的过盈配合之一。r 按 p 与 s 的几何平均值确定。对于 s，当 $D \leqslant 50$ mm 时，要求与 H8 配合时有 n 个微米的最小过盈，故 ei = + IT8 + (1 ~ 4)。从 s（当 $D > 50$ mm 时）起，包括 t、u、v、x、y、z 等，当与 H7 配合时，最小过盈依次为 0.4D、0.63D、D、1.25D、1.6D、2D、2.5D，而 za、zb、zc 分别与 H8、H9、H10 配合时，最小过盈依次为 3.15D、4D、5D。最小过盈的系列符合优先数系 R10，规律性较好，便于选用。

按表 2-5 中轴的基本偏差计算公式，国家标准列出的轴的基本偏差数值如表 2-6 所示。

表2-6 轴的基本偏差数值表

| 基本尺寸/mm | | 基本偏差数值（上极限偏差 es） | | | | | | | | | | | |
大于	至	a	b	c	cd	d	e	ef	f	fg	g	h	js
—	3	-270	-140	-60	-34	-20	-14	-10	-6	-4	-2	0	偏差 $=\pm\dfrac{ITn}{2}$，式中 ITn 是 IT 值数
3	6	-270	-140	-70	-46	-30	-20	-14	-10	-6	-4	0	
6	10	-280	-150	-80	-56	-40	-25	-18	-13	-8	-5	0	
10	14	-290	-150	-95		-50	-32		-16		-6	0	
14	18												
18	24	-300	-160	-110		-65	-40		-20		-7	0	
24	30												
30	40	-310	-170	-120		-80	-50		-25		-9	0	
40	50	-320	-180	-130									
50	65	-340	-190	-140		-100	-60		-30		-10	0	
65	80	-360	-200	-150									
80	100	-380	-220	-170		-120	-72		-36		-12	0	
100	120	-410	-240	-180									
120	140	-460	-260	-200		-145	-85		-43		-14	0	
140	160	-520	-280	-210									
160	180	-580	-310	-230									
180	200	-660	-340	-240		-170	-100		-50		-15	0	
200	225	-740	-380	-260									
225	250	-820	-420	-280									
250	280	-920	-480	-300		-190	-110		-56		-17	0	
280	315	-1050	-540	-330									
315	355	-1200	-600	-360		-210	-125		-62		-18	0	
355	400	-1350	-680	-400									
400	450	-1500	-760	-440		-230	-135		-68		-20	0	
450	500	-1650	-840	-480									
500	560					-260	-145		-76		-22	0	
560	630												
630	710					-290	-160		-80		-24	0	
710	800												
800	900					-320	-170		-86		-26	0	
900	1000												
1000	1120					-350	-195		-98		-28	0	
1120	1250												
1250	1400					-390	-220		-110		-30	0	
1400	1600												
1600	1800					-430	-240		-120		-32	0	
1800	2000												
2000	2240					-480	-260		-130		-34	0	
2240	2500												
2500	2800					-520	-290		-145		-38	0	
2800	3150												

- 23 -

续表

基本偏差数值（上级限偏差 ei）

基本尺寸/mm 大于	至	j IT5和IT6	j IT7	j IT8	k IT4~IT7	k ≤IT3 >IT7	m	n	p	r	s	t	u	v	x	y	z	za	zb	zc
—	3	−2	−4	−6	0	0	+2	+4	+6	+10	+14		+18		+20		+26	+32	+40	+60
3	6	−2	−4		+1	0	+4	+8	+12	+15	+19		+23		+28		+35	+42	+50	+80
6	10	−2	−5		+1	0	+6	+10	+15	+19	+23		+28		+34		+42	+52	+67	+97
10	14	−3	−6		+1	0	+7	+12	+18	+23	+28		+33		+40		+50	+64	+90	+130
14	18	−3	−6		+1	0	+7	+12	+18	+23	+28		+33	+39	+45		+60	+77	+108	+150
18	24	−4	−8		+2	0	+8	+15	+22	+28	+35		+41	+47	+54	+63	+73	+98	+136	+188
24	30	−4	−8		+2	0	+8	+15	+22	+28	+35	+41	+48	+55	+64	+75	+88	+118	+160	+218
30	40	−5	−10		+2	0	+9	+17	+26	+34	+43	+48	+60	+68	+80	+94	+112	+148	+200	+274
40	50	−5	−10		+2	0	+9	+17	+26	+34	+43	+54	+70	+81	+97	+114	+136	+180	+242	+325
50	65	−7	−12		+3	0	+11	+20	+32	+41	+53	+66	+87	+102	+122	+144	+172	+226	+300	+405
65	80	−7	−12		+3	0	+11	+20	+32	+43	+59	+75	+102	+120	+146	+174	+210	+274	+360	+480
80	100	−9	−15		+3	0	+13	+23	+37	+51	+71	+91	+124	+146	+178	+214	+258	+335	+445	+585
100	120	−9	−15		+3	0	+13	+23	+37	+54	+79	+104	+144	+172	+210	+254	+310	+400	+525	+690
120	140	−11	−18		+4	0	+15	+27	+43	+63	+92	+122	+170	+202	+248	+300	+365	+470	+620	+800
140	160	−11	−18		+4	0	+15	+27	+43	+65	+100	+134	+190	+228	+280	+340	+415	+535	+700	+900
160	180	−11	−18		+4	0	+15	+27	+43	+68	+108	+146	+210	+252	+310	+380	+465	+600	+780	+1000
180	200	−13	−21		+4	0	+17	+31	+50	+77	+122	+166	+236	+284	+350	+425	+520	+670	+880	+1150
200	225	−13	−21		+4	0	+17	+31	+50	+80	+130	+180	+258	+310	+385	+470	+575	+740	+960	+1250
225	250	−13	−21		+4	0	+17	+31	+50	+84	+140	+196	+284	+340	+425	+520	+640	+820	+1050	+1350
250	280	−16	−26		+4	0	+20	+34	+56	+94	+158	+218	+315	+385	+475	+580	+710	+920	+1200	+1550
280	315	−16	−26		+4	0	+20	+34	+56	+98	+170	+240	+350	+425	+525	+650	+790	+1000	+1300	+1700
315	355	−18	−28		+4	0	+21	+37	+62	+108	+190	+268	+390	+475	+590	+730	+900	+1150	+1500	+1900
355	400	−18	−28		+4	0	+21	+37	+62	+114	+208	+294	+435	+530	+660	+820	+1000	+1300	+1650	+2100
400	450	−20	−32		+5	0	+23	+40	+68	+126	+232	+330	+490	+595	+740	+920	+1100	+1450	+1850	+2400
450	500	−20	−32		+5	0	+23	+40	+68	+132	+252	+360	+540	+660	+820	+1000	+1250	+1600	+2100	+2600
500	560				0	0	+26	+44	+78	+150	+280	+400	+600							
560	630				0	0	+26	+44	+78	+155	+310	+450	+660							
630	710				0	0	+30	+50	+88	+175	+340	+500	+740							
710	800				0	0	+30	+50	+88	+185	+380	+560	+840							
800	900				0	0	+34	+56	+100	+210	+430	+620	+940							
900	1000				0	0	+34	+56	+100	+220	+470	+680	+1050							
1000	1120				0	0	+40	+66	+120	+250	+520	+780	+1150							
1120	1250				0	0	+40	+66	+120	+260	+580	+840	+1300							
1250	1400				0	0	+48	+78	+140	+300	+640	+960	+1450							
1400	1600				0	0	+48	+78	+140	+330	+720	+1050	+1600							
1600	1800				0	0	+58	+92	+170	+370	+820	+1200	+1850							
1800	2000				0	0	+58	+92	+170	+400	+920	+1350	+2000							
2000	2240				0	0	+68	+110	+195	+440	+1000	+1500	+2300							
2240	2500				0	0	+68	+110	+195	+460	+1100	+1650	+2500							
2500	2800				0	0	+76	+135	+240	+550	+1250	+1900	+2900							
2800	3150				0	0	+76	+135	+240	+580	+1400	+2100	+3200							

所有标准公差等级（适用于 m～zc 列）

注：基本尺寸小于或等于 1mm 时，基本偏差 a 和 b 均不采用。公差带 js7～js11，若 ITn 值数是奇数，则取偏差 $=\pm\dfrac{ITn-1}{2}$。

- 24 -

轴的另一个偏差（上极限偏差或下极限偏差）根据轴的基本偏差和标准公差，即

$$ei = es - IT$$

或 $$es = ei + IT$$

3. 孔的基本偏差数值

由于基孔制和基轴制是两种等效的配合值，因此以基轴制为基础的孔的基本偏差可由轴的基本偏差换算得到。换算的原则为工艺等价和同名配合。

（1）标准的基孔制与基轴制配合中，应保证孔和轴的工艺等价，即孔与轴加工难易程度相当。

（2）用同一字母表示孔和轴的基本偏差所组成的公差带，按照基孔制形成的配合和按照基轴制形成的配合称为同名配合。满足工艺等价的同名配合，其配合性质相同，即配合种类相同，且极限间隙或极限过盈相等。H9/d9 与 D9/h9、H7/f6 与 F7/h6 的配合性质均相同。

根据上述原则，孔的基本偏差按以下两种规则换算。

① 通用规则。

用同一字母表示的孔、轴的基本偏差的绝对值相等，符号相反。孔的基本偏差是轴的基本偏差相对于零线的倒影，因此又称倒影规则，即

$$ES = -ei$$

$$EI = -es$$

通用规则适用于以下情况：

对于 A～H，因其基本偏差 EI 和对应轴的基本偏差 es 的绝对值都等于最小间隙，故不论孔与轴是否采用同级配合，均按通用规则确定，即 $EI = -es$。

对于 K～ZC，因标准公差大于 IT8 的 K、M、N 和大于 IT7 的 P～ZC，一般孔轴采用同级配合，故按通用规则确定，即 $ES = -ei$；但标准公差大于 IT8、公称尺寸大于 3 mm 的 N 除外，其基本偏差 ES 等于零，即 ES = 0。

② 特殊规则。

用同一字母表示孔、轴基本偏差时，孔的基本偏差 ES 和轴的基本偏差 ei 符号相反，而绝对值相差一个 Δ 值。

因为在较高等级的公差中，同一公差等级的孔比轴加工困难，因而常采用比轴低一级的孔相配合，即异级配合，并要求两种配合制所形成的配合性质相同。

则孔的基本偏差为

$$ES = -ei + \Delta \qquad\qquad (2-3)$$

$$\Delta = ITn - IT(n-1) \qquad\qquad (2-4)$$

式中　ITn——某一级孔的标准公差；

IT(n − 1)——比某一级孔高一级的轴的标准公差。

特殊规则适用于以下情况：

公称尺寸 ≤500 mm 时，标准公差小于等于 IT8 的 J、K、M、N 和标准公差小于等于 IT7 的 P～ZC，孔轴采用异级配合，按特殊规则确定，即 $ES = -ei + \Delta$

按孔的基本偏差换算规则，国标列出的孔的基本偏差数值如表 2-7 所示。

表 2-7　孔的基本偏差数值表

基本偏差数值

公称尺寸/mm		下极限偏差 EI 所有标准公差等级												上极限偏差 ES									
大于	至	A	B	C	CD	D	E	EF	F	FG	G	H	JS	J IT6	J IT7	J IT8	K ≤IT8	K >IT8	M ≤IT8	M >IT8	N ≤IT8	N >IT8	P至ZC ≤IT7
—	3	+270	+140	+60	+34	+20	+14	+10	+6	+4	+2	0	偏差 = ±ITn/2，式中ITn是IT值数	+2	+4	+6	0	0	−2	−2	−4	−4	−4
3	6	+270	+140	+70	+46	+30	+20	+14	+10	+6	+4	0		+5	+6	+10	−1+Δ		−4+Δ	−4	−8+Δ	0	0
6	10	+280	+150	+80	+56	+40	+25	+18	+13	+8	+5	0		+5	+8	+12	−1+Δ		−6+Δ	−6	−10+Δ	0	0
10	14	+290	+150	+95		+50	+32		+16		+6	0		+6	+10	+15	−1+Δ		−7+Δ	−7	−12+Δ	0	0
14	18											0											
18	24	+300	+160	+110		+65	+40		+20		+7	0		+8	+12	+20	−2+Δ		−8+Δ	−8	−15+Δ	0	0
24	30											0											
30	40	+310	+170	+120		+80	+50		+25		+9	0		+10	+14	+24	−2+Δ		−9+Δ	−9	−17+Δ	0	0
40	50	+320	+180	+130								0											
50	65	+340	+190	+140		+100	+60		+30		+10	0		+13	+18	+28	−2+Δ		−11+Δ	−11	−20+Δ	0	0
65	80	+360	+200	+150								0											
80	100	+380	+220	+170		+120	+72		+36		+12	0		+16	+22	+34	−3+Δ		−13+Δ	−13	−23+Δ	0	0
100	120	+410	+240	+180								0											
120	140	+460	+260	+200		+145	+85		+43		+14	0		+18	+26	+41	−3+Δ		−15+Δ	−15	−27+Δ	0	0
140	160	+520	+280	+210								0											
160	180	+580	+310	+230								0											
180	200	+660	+340	+240		+170	+100		+50		+15	0		+22	+30	+47	−4+Δ		−17+Δ	−17	−31+Δ	0	0
200	225	+740	+380	+260								0											
225	250	+820	+420	+280								0											
250	280	+920	+480	+300		+190	+110		+56		+17	0		+25	+36	+55	−4+Δ		−20+Δ	−20	−34+Δ	0	0
280	315	+1050	+540	+330								0											
315	355	+1200	+600	+360		+210	+125		+62		+18	0		+29	+39	+60	−4+Δ		−21+Δ	−21	−37+Δ	0	0
355	400	+1350	+680	+400								0											
400	450	+1500	+760	+440		+230	+135		+68		+20	0		+33	+43	+66	−5+Δ		−23+Δ	−23	−40+Δ	0	0
450	500	+1650	+840	+480								0											
500	560					+260	+145		+76		+22	0					0		−26		−44		
560	630											0											
630	710					+290	+160		+80		+24	0					0		−30		−50		
710	800											0											
800	900					+320	+170		+86		+26	0					0		−34		−56		
900	1000											0											
1000	1120					+350	+195		+98		+28	0					0		−40		−66		
1120	1250											0											
1250	1400					+390	+220		+110		+30	0					0		−48		−78		
1400	1600											0											
1600	1800					+430	+240		+120		+32	0					0		−58		−92		
1800	2000											0											
2000	2240					+480	+260		+130		+34	0					0		−68		−110		
2240	2500											0											
2500	2800					+520	+290		+145		+38	0					0		−76		−135		
2800	3150											0											

K、M、N 在大于 IT8 的相应值上增加一个 Δ 值；P 至 ZC 在大于 IT7 的相应值上增加一个 Δ 值。

基本偏差数值　上极限偏差 ES（标准公差等级大于 IT7）　|　Δ值（标准公差等级）

公称尺寸/mm 大于	至	P	R	S	T	U	V	X	Y	Z	ZA	ZB	ZC	IT3	IT4	IT5	IT6	IT7	IT8
—	3	-6	-10	-14		-18		-20		-26	-32	-40	-60	0	0	0	0	0	0
3	6	-12	-15	-19		-23		-28		-35	-42	-50	-80	1	1.5	1	3	4	6
6	10	-15	-19	-23		-28		-34		-42	-52	-67	-97	1	1.5	2	3	6	7
10	14	-18	-23	-28		-33		-40		-50	-64	-90	-130	1	2	3	3	7	9
14	18	-18	-23	-28		-33	-39	-45		-60	-77	-108	-150	1	2	3	3	7	9
18	24	-22	-28	-35		-41	-47	-54	-63	-73	-98	-136	-188	1.5	2	3	4	8	12
24	30	-22	-28	-35	-41	-48	-55	-64	-75	-88	-118	-160	-218	1.5	2	3	4	8	12
30	40	-26	-34	-43	-48	-60	-68	-80	-94	-112	-148	-200	-274	1.5	3	4	5	9	14
40	50	-26	-34	-43	-54	-70	-81	-97	-114	-136	-180	-242	-325	1.5	3	4	5	9	14
50	65	-32	-41	-53	-66	-87	-102	-122	-144	-172	-226	-300	-405	2	3	5	6	11	16
65	80	-32	-43	-59	-75	-102	-120	-146	-174	-210	-274	-360	-480	2	3	5	6	11	16
80	100	-37	-51	-71	-91	-124	-146	-178	-214	-258	-335	-445	-585	2	4	5	7	13	19
100	120	-37	-54	-79	-104	-144	-172	-210	-254	-310	-400	-525	-690	2	4	5	7	13	19
120	140	-43	-63	-92	-122	-170	-202	-248	-300	-365	-470	-620	-800	3	4	6	7	15	23
140	160	-43	-65	-100	-134	-190	-228	-280	-340	-415	-535	-700	-900	3	4	6	7	15	23
160	180	-43	-68	-108	-146	-210	-252	-310	-380	-465	-600	-780	-1 000	3	4	6	7	15	23
180	200	-50	-77	-122	-166	-236	-284	-350	-425	-520	-670	-880	-1 150	3	4	6	9	17	26
200	225	-50	-80	-130	-180	-258	-310	-385	-470	-575	-740	-960	-1 250	3	4	6	9	17	26
225	250	-50	-84	-140	-196	-284	-340	-425	-520	-640	-820	-1 050	-1 350	3	4	6	9	17	26
250	280	-56	-94	-158	-218	-315	-385	-475	-580	-710	-920	-1 200	-1 550	4	4	7	9	20	29
280	315	-56	-98	-170	-240	-350	-425	-525	-650	-790	-1 000	-1 300	-1 700	4	4	7	9	20	29
315	355	-62	-108	-190	-268	-390	-475	-590	-730	-900	-1 150	-1 500	-1 900	4	5	7	11	21	32
355	400	-62	-114	-208	-294	-435	-530	-660	-820	-1 000	-1 300	-1 650	-2 100	4	5	7	11	21	32
400	450	-68	-126	-232	-330	-490	-595	-740	-920	-1 100	-1 450	-1 850	-2 400	5	5	7	13	23	34
450	500	-68	-132	-252	-360	-540	-660	-820	-1 000	-1 250	-1 600	-2 100	-2 600	5	5	7	13	23	34
500	560	-78	-150	-280	-400	-600													
560	630	-78	-155	-310	-450	-660													
630	710	-88	-175	-340	-500	-740													
710	800	-88	-185	-380	-560	-840													
800	900	-100	-210	-430	-620	-940													
900	1 000	-100	-220	-470	-680	-1 050													
1 000	1 120	-120	-250	-520	-780	-1 150													
1 120	1 250	-120	-260	-580	-840	-1 300													
1 250	1 400	-140	-300	-640	-960	-1 450													
1 400	1 600	-140	-330	-720	-1 050	-1 600													
1 600	1 800	-170	-370	-820	-1 200	-1 850													
1 800	2 000	-170	-400	-920	-1 350	-2 000													
2 000	2 240	-195	-440	-1 000	-1 500	-2 300													
2 240	2 500	-195	-460	-1 100	-1 650	-2 500													
2 500	2 800	-240	-550	-1 250	-1 900	-2 900													
2 800	3 150	-240	-580	-1 400	-2 100	-3 200													

注：① 公称尺寸小于或等于 1 mm 时，基本偏差 A 和 B 及大于 IT8 的 N 均不采用。公差带 JS7 至 JS11，若 ITn 值数是奇数，则取偏差 = ±$\dfrac{ITn-1}{2}$。

② 对小于或等于 IT8 的 K、M、N 和小于或等于 IT7 的 P 至 ZC，所需 Δ 值从表内右侧选取。例如，18～30 mm 段的 K7，Δ = 8 μm，所以 ES = -2+8 = +6（μm）；18～30 mm 段的 S6，Δ = 4 μm，所以 ES = -35+4 = -31（μm）。特殊情况，250～315 mm 段的 M6，ES = -9 μm（代替 -11 μm）。

孔的另一个偏差（上极限偏差或下极限偏差），根据孔的基本偏差和标准公差计算，即

$$EI = ES - IT$$

$$ES = EI + IT$$

2.3.3 极限与配合的标注

1. 零件图的标注

公差带的代号用基本偏差字母和公差等级系数表示，如 G8，g9 等。在零件图上进行尺寸精度标注时，在孔、轴公称尺寸后加所要求的公差带或极限偏差数值，如图 2-13 所示。

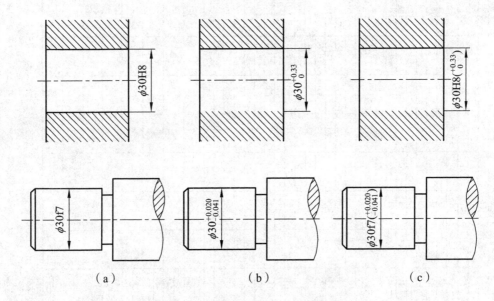

（a）　　　　　　　　　（b）　　　　　　　　　（c）

图 2-13　零件图中尺寸公差的标注

2. 装配图上配合的标准

配合代号用公称尺寸与孔、轴公差带代号以分式表达，如 H8/f7，H9/u9 等，分子项为轴的公差带，分母项为孔的公差带。在装配图上标注的配合代号如图 2-14 所示。

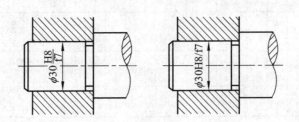

图 2-14　装配图中配合代号的标注

2.3.4 公差带与配合

根据国家标准规定的 20 个等级的标准公差及 28 种基本偏差代号，可组成 543 种孔的公差带和 544 种轴的公差带，由孔和轴的公差带又可组成大量的配合。如此多的公差带与配合全部使用显然是不经济的。为了减少定值刀具、量具和工艺装备的品种及规格，对公差带和配合选用应加以限制。

根据生产实践情况，国家标准对常用尺寸段推荐了孔、轴的一般常用和优先公差带。

国家标准规定了轴的一般、常用和优先用公差带，共 116 种，如图 2-15 所示。其中方框内的 59 种为常用公差带，圆圈内的 13 种为优先公差带。

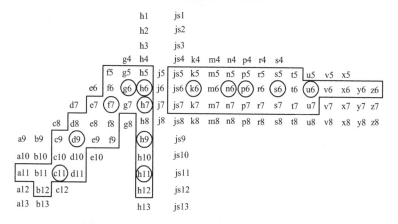

图 2-15 尺寸≤500 mm 的轴的一般、常用和优先用公差带

国家标准规定了孔的一般、常用和优先用公差带，共 105 种，如图 2-16 所示。其中方框内的 44 种为常用公差带，圆圈内的 13 种为优先用公差带。

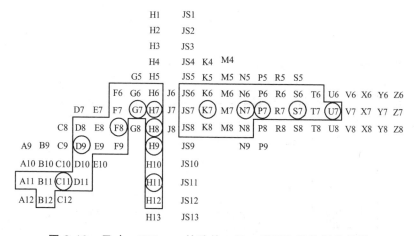

图 2-16 尺寸≤500 mm 的孔的一般、常用和优先用公差带

国家标准在规定孔、轴公差带选用的基础上，还规定了孔、轴公差带的配合。基孔制配合中常用配合 59 种，如表 2-8 所示，其中注有黑▼符号的 13 种为优先配合。基轴制配合中常用配合 47 种，如表 2-9 所示，其中注有黑▼符号的 13 种为优先配合。

表 2-8　基孔制常用、优先配合

基准孔	a	b	c	d	e	f	g	h	js	k	m	n	p	r	s	t	u	v	x	y	z
				间隙配合						过渡配合				过盈配合							
H6						$\frac{H6}{f5}$	$\frac{H6}{g5}$	$\frac{H6}{h5}$	$\frac{H6}{js5}$	$\frac{H6}{k5}$	$\frac{H6}{m5}$	$\frac{H6}{n5}$	$\frac{H6}{p5}$	$\frac{H6}{r5}$	$\frac{H6}{s5}$	$\frac{H6}{t5}$					
H7						$\frac{H7}{f6}$	$\frac{H7}{g6}$	$\frac{H7}{h6}$	$\frac{H7}{js6}$	$\frac{H7}{k6}$	$\frac{H7}{m6}$	$\frac{H7}{n6}$	$\frac{H7}{p6}$	$\frac{H7}{r6}$	$\frac{H7}{s6}$	$\frac{H7}{t6}$	$\frac{H7}{u6}$	$\frac{H7}{v6}$	$\frac{H7}{x6}$	$\frac{H7}{y6}$	$\frac{H7}{z6}$
H8					$\frac{H8}{e7}$	$\frac{H8}{f7}$	$\frac{H8}{g7}$	$\frac{H8}{h7}$	$\frac{H8}{js7}$	$\frac{H8}{k7}$	$\frac{H8}{m7}$	$\frac{H8}{n7}$	$\frac{H8}{p7}$	$\frac{H8}{r7}$	$\frac{H8}{s7}$	$\frac{H8}{t7}$	$\frac{H8}{u7}$				
				$\frac{H8}{d8}$	$\frac{H8}{e8}$	$\frac{H8}{f8}$		$\frac{H8}{h8}$													
H9			$\frac{H9}{c9}$	$\frac{H9}{d9}$	$\frac{H9}{e9}$	$\frac{H9}{f9}$		$\frac{H9}{h9}$													
H10			$\frac{H10}{c10}$	$\frac{H10}{d10}$				$\frac{H10}{h10}$													
H11	$\frac{H11}{a11}$	$\frac{H11}{b11}$	$\frac{H11}{c11}$	$\frac{H11}{d11}$				$\frac{H11}{h11}$													
H12		$\frac{H12}{b12}$						$\frac{H12}{h12}$													

注：① $\frac{H6}{n5}$、$\frac{H7}{p6}$ 在基本尺寸小于或等于 3 mm 和 $\frac{H8}{r7}$ 在小于或等于 100 mm 时，为过渡配合；

② 标注 ▟ 的配合为优先配合；常用 59，优先 13。

表 2-8 中，当轴的公差小于或等于 IT7 时，与低一级的基准孔相配合；大于或等于 IT8时，与同级基准孔相配合。

表 2-9　基轴制常用、优先配合

基准轴	A	B	C	D	E	F	G	H	JS	K	M	N	P	R	S	T	U	V	X	Y	Z
				间隙配合						过渡配合				过盈配合							
h5						$\frac{F6}{h5}$	$\frac{G6}{h5}$	$\frac{H6}{h5}$	$\frac{JS6}{h5}$	$\frac{K6}{h5}$	$\frac{M6}{h5}$	$\frac{N6}{h5}$	$\frac{P6}{h5}$	$\frac{R6}{h5}$	$\frac{S6}{h5}$	$\frac{T6}{h5}$					
h6						$\frac{F7}{h6}$	$\frac{G7}{h6}$	$\frac{H7}{h6}$	$\frac{JS7}{h6}$	$\frac{K7}{h6}$	$\frac{M7}{h6}$	$\frac{N7}{h6}$	$\frac{P7}{h6}$	$\frac{R7}{h6}$	$\frac{S7}{h6}$	$\frac{T7}{h6}$	$\frac{U7}{h6}$				
h7					$\frac{E8}{h7}$	$\frac{F8}{h7}$	$\frac{G8}{h7}$	$\frac{H8}{h7}$	$\frac{JS8}{h7}$	$\frac{K8}{h7}$	$\frac{M8}{h7}$	$\frac{N8}{h7}$									
h8				$\frac{D8}{h8}$	$\frac{E8}{h8}$	$\frac{F8}{h8}$		$\frac{H8}{h8}$													
h9				$\frac{D9}{h9}$	$\frac{E9}{h9}$	$\frac{F9}{h9}$		$\frac{H9}{h9}$													
h10				$\frac{D10}{h10}$				$\frac{H10}{h10}$													
h11	$\frac{A11}{h11}$	$\frac{B11}{h11}$	$\frac{C11}{h11}$	$\frac{D11}{h11}$				$\frac{H11}{h11}$													
h12		$\frac{B12}{h12}$						$\frac{H12}{h12}$													

注：标注 ▟ 的配合为优先配合；常用 47，优先 13。

表 2-9 中，当孔的标准公差小于 IT8 或少数等于 IT8 时，与高一级的基准轴相配合，其余则与同级基准轴相配合。

2.4 一般公差（线性尺寸的未注公差）

国家标准 GB/T 1804—2000《一般公差未注公差的线性和角度尺寸的公差》是代替旧国标 GB/T 1804—1992 的新国标，它采用了国际标准 ISO 2768—1:1989《一般公差 第 1 部分：未标出公差的线性和角度尺寸的公差》。

1. 线性尺寸的一般公差的概念

线性尺寸的一般公差是指在车间普通工艺条件下，机床设备一般加工能力可保证的公差。在正常维护和操作情况下，它代表经济加工精度。

采用一般公差的尺寸在正常车间精度保证的条件下，一般可不检验。

未注尺寸公差标注如图 2-17 所示，一般公差可简化制图，使图样清晰易读；节省图样设计时间，设计人员只要熟悉和应用一般公差的规定，可不必逐一考虑其公差值；突出了图样上注出公差的尺寸，以便在加工和检验时引起重视。

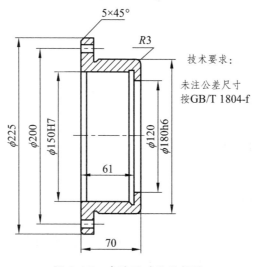

图 2-17 未注尺寸公差标注

2. 有关国标规定

线性尺寸的一般公差规定了 4 个公差等级。其公差等级从高到低依次为精密级（f）、中等级（m）、粗糙级（c）、最粗级（v）。公差等级越低，公差数值越大。线性尺寸的极限偏差数值如表 2-10 所示，倒圆半径和倒角高度尺寸的极限偏差数值如表 2-11 所示，角度尺寸的极限偏差数值如表 2-12 所示。

表 2-10　线性尺寸的极限偏差数值

公差等级	基本尺寸分段/mm							
	0.5~3	>3~6	>6~30	>30~120	>120~400	>400~1 000	>1 000~2 000	>2 000~4 000
精密 f	±0.05	±0.05	±0.1	±0.15	±0.2	±0.3	±0.5	—
中等 m	±0.1	±0.1	±0.2	±0.3	±0.5	±0.8	±1.2	±2
粗糙 c	±0.2	±0.3	±0.5	±0.8	±1.2	±2	±3	±4
最粗 v	—	±0.5	±1	±1.5	±2.5	±4	±6	±8

表 2-11　倒圆半径和倒角高度尺寸的极限偏差数值

公差等级	基本尺寸分段/mm			
	0.5~3	>3~6	>6~30	>30
精密 f	±0.2	±0.5	±1	±2
中等 m				
粗糙 c	±0.4	±1	±2	±4
最粗 v				

注：倒圆半径和倒角高度的含义参见 GB/T 6403.4—2008《零件倒圆与倒角》。

表 2-12　角度尺寸的极限偏差数值

公差等级	长度分段/mm				
	~10	>10~50	>50~120	>120~400	>400
精密 f	±1°	±30′	±20′	±10′	±5′
中等 m					
粗糙 c	±1°30′	±1°	±30′	±15′	±10′
最粗 v	±3°	±2°	±1°	±30′	±20′

2.5　尺寸精度设计的基本原则和方法

在公称尺寸确定后，要对尺寸精度进行设计，这是机械设计与制造中的至关重要的一个环节。尺寸精度设计是否恰当，对机械产品的使用性能、质量、互换性、制造成本等有很大影响。尺寸精度设计包括配合制、公差等级及配合种类。设计的原则是在满足使用要求的前提下尽可能获得最佳的技术经济效益。

2.5.1　尺寸精度设计的基本方法

尺寸精度设计的基本方法有计算法、试验法和类比法。

1. 计算法

计算法是根据一定的理论和公式，计算需要的极限间隙或过盈，然后确定孔和轴的公差带。由于配合间隙量和过盈量的因素很多，理论计算结果也只是近似值，需要进行修正。计算法比较科学，但计算过程将条件理论化、简单化，其结果不完全符合实际要求。

2. 类比法

类比法是按同类型机器或机构中，经过生产实践验证的已用配合的使用情况，再考虑所设计机器的使用要求，参照确定需要配合的一种方法。类比法是目前应用广泛的方法，但是需要设计人员具有较为丰富的实践经验。

3. 试验法

试验法是通过试验或统计分析来确定间隙或过盈。试验法合理、可靠，适用于对机器工作性能影响较大且重要的配合，但是其成本较高。

2.5.2 配合制的选用

国家标准规定了基孔制和基轴制两种基准制。一般情况下，不论基孔制还是基轴制配合，均可满足同样的使用要求。因此，在选用配合制时，应综合考虑和分析机械零部件的结构、工艺性、经济性等几个方面。

1. 优先选用基孔制

在机械加工过程中，一般情况下，孔比轴难加工，设计时应优先选用基孔制配合。这是因为孔通常采用钻头、铰刀、拉刀等定值刀具加工，并且用极限量规（塞规）检验，当孔的公称尺寸和公差等级相同而基本偏差改变时，需要更换刀具、量具，而加工不同尺寸的轴可以采用一把刀具，用通用量具进行检验。所以，采用基孔制配合可减少孔公差带的数量，大大减少所用定值刀具和极限量规的规格和数量，从而获得显著的经济效益，同时有利于刀具、量具的标准化和系列化。如图 2-18（a）所示为连杆小头孔和衬套的配合，为使相配合两零件为一个整体，又不至于安装时压坏衬套，采用基孔制的过盈配合；如图 2-18（b）所示为滑轮和心轴的配合，为使滑轮在轴上自由转动，采用基孔制的间隙配合。

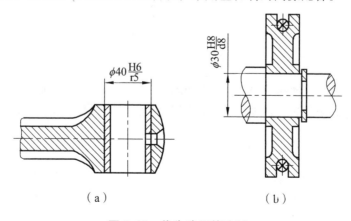

（a）　　　　　　　　　　（b）

图 2-18　优先选用基孔制

2. 其次选用基轴制

在一些特殊的情况下，采用基轴制配合比较合理。

（1）冷拉棒料无须切削加工而直接制造的零件。

在纺织、农业等机械零部件制造中，常采用公差等级为 IT7～IT9 的冷拉棒料，其外径不需要加工，可直接做成轴。在此情况下，应选用基轴制配合，可以减少冷拉棒料的尺寸规格。

（2）在结构上，当同一公称尺寸的轴上需要装配几个具有不同配合性质的零件时，应选用基轴制配合。

图 2-19 所示为活塞销与连杆及活塞的配合。根据要求，活塞销与活塞应为过渡配合，而活塞销与连杆之间有相对运动，应为间隙配合。如果三段配合均选基孔制配合，则应为 $\phi30H6/m5$、$\phi30H6/h5$ 和 $\phi30H6/m5$，公差带如图 2-19（b）所示。此时必须将轴做成台阶轴才能满足各部分配合要求，这样做既不便于加工，又不利于装配。如果改用基轴制配合，则三段的配合可改为 $\phi30M6/h5$、$\phi30H6/h5$ 和 $\phi30M6/h5$，其公差带如图 2-19（c）所示，将活塞销做成光轴，既方便加工，又利于装配。

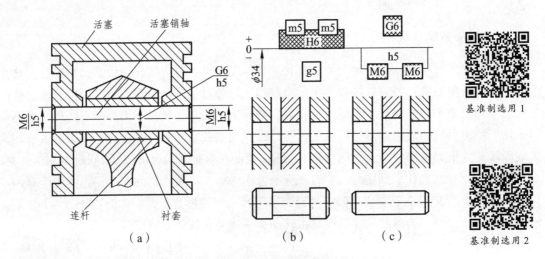

图 2-19　活塞装配

（3）与标准件相配合的孔或轴应以标准件为基准件来确定配合制。

如图 2-20 所示，滚动轴承为标准件，滚动轴承的外圈与壳体孔的配合应选用基轴制配合，其公差带为 $\phi110J7$；滚动轴承内圈与轴颈的配合应选用基孔制配合，其公差带为 $\phi50k6$。

3. 特殊情况选用非配合制

为了满足特殊的配合要求，允许任一孔、轴公差带组成非基准制配合，即配合代号中不包含基本偏差为 H 和 h 的任一孔、轴公差带组成的配合。如图 2-20 所示，轴承盖与轴承座内孔之间的配合，为了便于拆卸，采用了 $\phi110J7/f9$ 的间隙配合。

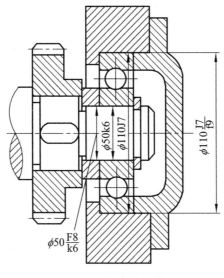

图 2-20　滚动轴承装配

2.5.3　公差等级的选用

公差等级的选用是确定零件尺寸的加工精度，公差等级的高低直接影响产品使用性能和加工成本。因此，选用公差等级时，要正确处理使用要求、制造工艺和成本之间的关系。公差等级选用的基本原则为：在满足使用要求的前提下，尽量选取低的公差等级。

1. 类比法选用公差等级

确定公差等级时常采用类比法，即从生产实践中总结、积累的经验资料为参考，并依据实际设计要求对其进行必要、适当的调整，形成最后的设计结果。在采用类比法选用公差等级时，应考虑以下几个方面。

（1）孔轴加工的工艺等价性。

工艺等价性是指孔和轴的加工难易程度应基本相同，对于公称尺寸≤500 mm 的较高等级的配合，由于孔比同级轴加工困难，当公差等级≤IT8 时，国家标准推荐孔比轴低一级的不同级配合，如 H8/m7，H7/u6 等；当公差等级等于 IT8 或大于 IT9 时，国家标准推荐孔和轴同级配合，如 H8/f8，H10/d10 等；对于公称尺寸≥500 mm 的配合，一般采用孔和轴的同级配合。

（2）加工能力。

国家标准推荐的各公差等级的应用范围如表 2-13 所示。

表 2-13　公差等级的应用范围

应用		公差等级（IT）																			
		01	0	1	2	3	4	5	6	7	8	9	10	11	12	13	14	15	16	17	18
量块		■	■	■																	
量规	高精度			■	■	■	■														
	低精度						■	■	■												
孔与轴配合	特别精密 轴				■	■	■														
	特别精密 孔					■	■	■													
	精密配合 轴						■	■	■												
	精密配合 孔							■	■	■											
	中等精度 轴								■	■	■										
	中等精度 孔									■	■	■									
	低精度										■	■	■	■							
非配合尺寸														■							
原材料公差											■	■	■	■	■	■	■	■	■		

①　IT01、IT0、IT1 级一般用于高精度量块和其他精密尺寸标准块的公差，它们大致相当于量块的 1、2、3 级精度的公差。

②　IT2～IT5 级用于特别精密零件的配合。

③　IT5～IT12 级用于配合尺寸公差。其中 IT5（孔到 IT6）级用于高精度和重要的配合处。例如，精密机床主轴的轴颈、主轴箱体孔与精密滚动轴承的配合、车床尾座孔和顶尖套筒的配合、内燃机中活塞销与活塞销孔的配合等。

④　IT6（孔到 IT7）级用于要求精密配合的情况。例如，机床中一般传动轴和轴承的配合，齿轮、带轮和轴的配合，内燃机中曲轴和轴套的配合。这个公差等级在机械制造中应用较广，国标推荐的常用公差带用于较重要的场合。

⑤　IT7～IT8 级用于一般精度要求的配合。例如，一般机械中速度不高的轴与轴承的配合，在重型机械中用于精度要求稍高的配合，在农业机械中则用于较重要的配合。

⑥　IT9～IT10 级常用于一般要求的地方，或精度要求较高的槽宽的配合。

⑦　IT11～IT12 级用于不重要的配合。

⑧　IT12～IT18 级用于未标注尺寸公差的尺寸精度，包括冲压件、铸锻件及其他非配合尺寸的公差等。

选用公差等级时，除了以上要求外，还要考虑其他因素。

① 相配合零部件的精度要匹配，如齿轮孔和轴的配合，它们的公差等级取决于齿轮的精度等级，与滚动轴承相配合的外壳孔和轴颈的公差等级取决于滚动轴承的精度等级。

② 加工零件的经济性，图 2-20 中滚动轴承盖和轴承座内孔的配合，允许选用较大间隙配合，且配合公差很大。由于轴承座内孔的公差等级由轴承的精度等级决定，因此，满足这样的使用要求，轴承盖的公差等级可以分别比轴承座内孔低 2~3 级，以利于降低加工成本。

各种加工方法可以达到的精度等级如表 2-14 所示。

表 2-14 各种加工方法可以达到的精度等级

加工方法	公差等级（IT）																			
	01	0	1	2	3	4	5	6	7	8	9	10	11	12	13	14	15	16	17	18
研 磨																				
珩 磨																				
圆 磨																				
平 磨																				
金刚石车																				
金刚石镗																				
拉 削																				
铰 孔																				
车																				
镗																				
铣																				
刨、插																				
钻 孔																				
滚压、挤压																				
冲 压																				
压 铸																				
粉末冶金成型																				
粉末冶金烧结																				
砂型铸造、气割																				
锻 造																				

2. 计算法选用公差等级

在工程实践中，某些配合根据使用要求，可以确定配合的极限间隙或极限过盈的允许变化范围，计算得到配合公差的允许值，通过查表法，将配合公差合理地分配，并确定孔、轴的公差。

2.5.4 配合的选用

配合的选用主要是为了解决结合零件孔与轴在工作时的相互关系，以保证机器正常工作。在设计中，确定了配合制之后，根据使用要求所允许的配合性质来确定与基准件相配合的孔、轴的基本偏差代号或公差带。选用时应尽可能选用优先配合和常用配合，如果优先配合与常用配合不能满足要求，可选标准推荐的一般用途的孔、轴公差带，按使用要求组成需要的配合。若仍不能满足使用要求，还可从国标所提供的544种轴公差带和543种孔公差带中选取合适的公差带，组成所需要的配合。

1. 配合的类别

根据配合部位的功能要求，确定配合的类别。功能要求及对应的配合类别如表2-15所示，可按表中的情况选择。

表2-15 功能要求及对应的配合类别

			永久结合	过盈配合
无相对运动	要传递转矩	要精确同轴	可拆结合	过渡配合或基本偏差为 H(h)[①]的间隙配合加紧固件[②]
		不要精确同轴		间隙配合加紧固件
	不需要传递转矩			过渡配合或轻的过盈配合
有相对运动	只有移动			基本偏差为 H（h）、G（g）等间隙配合
	转动或转动和移动形成的复合运动			基本偏差为 A~F（a~f）等间隙配合

注：① 指非基准件的基本偏差代号。
　　② 紧固件指键、销钉和螺钉等。

（1）间隙配合。

当孔、轴有相对运动要求时，一般应选用间隙配合。要求精度定位且便于拆卸的静连接、结合件之间有缓慢移动或转动的动连接可选用间隙小的间隙配合。对配合精度要求不高，需要拆卸时，可选用间隙较大的间隙配合。间隙配合的性能特征如表2-16所示。由表2-16可知，基孔制的间隙配合，轴的基本偏差代号为a~h；基轴制的间隙配合，孔的基本偏差代号为A~H。

表 2-16　各种间隙配合的性能特征

基本偏差代号	a、b （A、B）	c （C）	d （D）	e （E）	f （F）	g （G）	h （H）
间隙大小	特大间隙	很大间隙	大间隙	中等间隙	小间隙	较小间隙	很小间隙 $X_{min}=0$
配合松紧程度	松 ——————————————————————→ 紧						
定心要求	无对中、定心要求					略有定心功能	有一定定心功能
摩擦类型	紊流液体摩擦		层流液体摩擦				半液体摩擦
润滑性能	差 ——————————→ 好 ←—————————— 差						
相对运动速度		慢速转动	高速转动		中速转动	低速转动或移动 （或手动移动）	

（2）过渡配合。

孔轴之间有同轴精确定位、结合件之间无相对运动、可拆卸的静连接，可选用过渡配合。过渡配合的性能特征如表 2-17 所示。由表 2-17 可知，基孔制的过渡配合，轴的基本偏差代号为 js～m（n、p）；基轴制的过渡配合，孔的基本偏差代号为 JS～M（N）。

表 2-17　各种过渡配合的性能特征

基本偏差	js（JS）	k（K）	m（M）	n（N）
间隙或过盈量	过盈率很小，稍有平均间隙	过盈率中等，平均间隙（过盈）接近于零	过盈率较大，平均过盈较小	过盈率大，平均过盈稍大
定心要求	可达较好的定心精度	可达较高的定心精度	可达精密的定心精度	可达很精密的定心精度
装配和拆卸性能	木锤装配，拆卸方便	木锤装配，拆卸比较方便	最大过盈时需要相当的压入力，可以拆卸	用锤或压力机装配，拆卸困难

（3）过盈配合。

孔与轴之间需要靠传递扭矩，又不需要拆卸的静连接，可选用过盈配合。过盈配合的性能特征如表 2-18 所示。由表 2-18 可知，基孔制的过盈配合，轴的基本偏差代号为（n、p）r～zc；基轴制的过盈配合，孔的基本偏差代号为（N）P～ZC。

表 2-18　各种过盈配合的性能特征

基本偏差	p、r （P、R）	s、t （S、T）	u、v （U、V）	x、y、z （X、Y、Z）
过盈量	较小与小的过盈	中等与大的过盈	很大的过盈	特大过盈
传递扭矩的大小	加紧固件传递一定的扭矩与轴向力，属轻型过盈配合；不加紧固件可用于准确定心，仅传递小扭矩，需轴向定位部位	不加紧固件传递较小的扭矩与轴向力，属中型过盈配合	不加紧固件可传递大的扭矩与动荷载，属重型过盈配合	需传递特大扭矩和动荷载，属特重型过盈配合
装配和拆卸性能	装配时使用吨位小的压力机，用于需要拆卸的配合中	用于很少拆卸的配合中	用于不拆卸（永久结合）的配合	

注：① p（P）与 r（R）在特殊情况下可能为过渡配合，如当基本尺寸小于 3 mm 时，H7/p6 为过渡配合，当基本尺寸小于 100 mm 时，H8/r7 为过渡配合。
　　② x（X）、y（Y）、z（Z）一般不推荐，选用时需经试验后可应用。

根据不同的具体工作情况，对所选择的间隙量和过盈量可按表 2-19 进行调整。

表 2-19　不同的工作情况对选择间隙量和过盈量的调整

具体工作情况		间隙量	过盈量	具体工作情况		间隙量	过盈量
工作温度	孔高于轴时	减小	增大	生产类型	单件小批量	增大	减小
	轴高于孔时	增大	减小		大批量	减小	
表面粗糙度较粗糙		减小	增大	材料的线膨胀系数	孔大于轴	减小	增大
配合面形位误差较大		增大	减小		孔小于轴	增大	减小
润滑油黏度较大		增大		两支承距离较大或多支承		增大	
经常拆卸			减小	工作中有冲击		减小	增大
旋转速度较高		增大	增大	有轴向运动		增大	
定心精度或配合精度较高		减小	增大	配合长度较大		增大	减小

2. 非基准件级基本偏差代号的选用

对于间隙配合，由于基本偏差的绝对值等于最小间隙，故可按最小间隙确定基本偏差代号；对于过盈配合，在确定基准件的公差等级后，即可按最小过盈确定基本偏差代号，并根据配合公差的要求确定孔、轴公差等级。

优先配合选用说明如表 2-20 所示。

表 2-20　优先配合选用说明

优先配合		说　明
基孔制	基轴制	
H11/c11	C11/h11	间隙非常大，用于很松的、转动很慢的动配合，要求大公差与大间隙的外露组件，要求装配方便、很松的配合
H9/d9	D9/h9	间隙很大的自由转动配合，用于非主要配合，或有大的温度变化、高转速，或有大的轴颈压力的配合部位
H8/f7	F8/h7	间隙不大的转动配合，用于中等转速与中等轴颈压力的精确转动，也用于装配较容易的中等精度的定位配合
H7/g6	G7/h6	间隙很小的滑动配合，用于不希望自由转动，但可自由移动和滑动并且有精密定位要求的配合部位；也可用于要求明确的定位配合
H7/h6、H8/h7、H9/h9、H11/h11		均为间隙定位配合，零件可自由拆装，而工作时一般相对静止不动。在最大实体条件下的间隙为零；在最小实体条件下的间隙由公差等级及形状精度决定
H7/k6	K7/h6	过渡配合，用于精密定位
H7/n6	N7/h6	过渡配合，允许有较大过盈的更精密定位
H7/p6	P7/h6	过盈定位配合，即轻型过盈配合，用于定位精度高的配合部位，能以最好的定位精度达到部件的刚性及对中的性能要求。而对内孔承受压力无特殊要求，不依靠配合的紧固性传递摩擦负荷
H7/s6	S7/h6	中等压入配合，适用于一般钢件，或用于薄壁件的冷缩配合，用于铸铁件可得到最紧的配合
H7/u6	U7/h6	压入配合，适用于可以承受高压力的零件或不宜承受大压入力的冷缩配合

3 几何精度设计

3.1 几何误差

零件加工过程中由于受各种因素的影响，零件的几何要素不可避免地会产生形状误差和位置误差，称之为几何误差，如图 3-1 所示，它们对产品的寿命和使用性能有很大的影响。

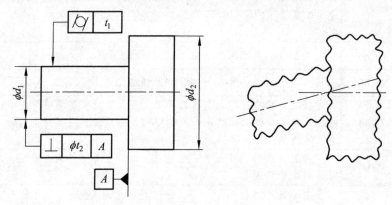

图 3-1 几何误差

（1）影响零件的功能要求。如导轨表面的形状误差将影响沿导轨移动的运动部件的运动精度；冲压模、凸轮等的形状误差将直接影响零件的加工精度。

（2）影响零件的可装配性。如法兰盘上各螺钉孔的位置误差将影响其自由装配性能。

（3）影响配合性质。如具有形状误差的轴和孔的配合，会因间隙不均匀而影响配合性能，过盈配合不均会影响连接强度，并造成局部磨损使寿命降低。

几何误差越大，零件的几何参数的精度越低，其质量也越低。为了保证零件的互换性和使用要求，有必要对零件规定几何公差，用以限制几何误差。

我国根据国际标准制定了有关几何公差的新国家标准：GB/T 1182—2008《产品几何技术规范（GPS）几何公差　形状、方向、位置和跳动公差标注》、GB/T 4249—2009《产品几何技术规范（GPS）公差原则》、GB/T 16671—2009 《产品几何技术规范（GPS）几何公差最大实体要求、最小实体要求和可逆要求》、GB/T 17851—2010《产品几何技术规范（GPS）几何公差基准和基准体系》、GB/T 1184—1996《形状和位置公差　未注公差值》、GB/T 1958—2004《产品几何技术规范（GPS）形状和位置公差　检测规定》等。此外，作为贯彻上述标准的技术保证，还颁布了圆度、直线度、平面度、同轴度误差检验标准以及位置量规标准等。

3.2 几何要素

构成机械零件几何特征的点、线、面统称为几何要素。如图 3-2 所示的零件就是由多种几何要素构成，其中构成几何体的面或面上的线为组成要素，如图 3-2 中的球面、圆锥面等；由一个或几个组成要素得到的中心点、中心线、中心面为导出因素，如图 3-2 中的球心、中心线等。

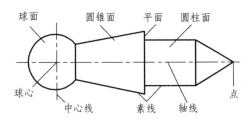

图 3-2 零件几何要素

3.2.1 几何要素的定义

1. 公称组成要素

公称组成要素是具有几何意义的要素,由技术制图或其他方法确定的理论正确组成要素，如图 3-3（a）所示。

2. 公称导出要素

公称导出要素是由一个或多个公称组成要素导出的中心点、轴线或中心平面，如图 3-3（a）所示。

3. 实际组成要素

实际组成要素是由接近实际（组成）要素所限定的工件实际表面的组成要素部分，如图 3-3（b）所示。由于存在加工误差，实际组成要素总是偏离公称组成要素。

4. 提取组成要素

提取组成要素是按规定方法，由实际组成要素提取有限数目的点所形成的实际组成要素的近似替代，如图 3-3（c）所示。测量时，由提取的值替代实际要素，由于测量误差的客观存在，因此提取组成要素并非是该要素的真实状态。

5. 提取导出要素

提取导出要素是由一个或几个提取组成要素得到的中心点、中心线或中心面，如图 3-3（c）所示。提取圆柱面的导出中心线称为提取中心线；提取量相对平面的导出中心面称为提取中心面。

6. 拟合组成要素

拟合组成要素是按规定方法，由提取组成要素形成的并具有理想形状的组成要素，如图 3-3（d）所示。以最小二乘法拟合得到的圆柱体横截面、圆柱面称为最小二乘圆和最小二乘圆柱面。

7. 拟合导出要素

拟合导出要素是由一个或几个拟合组成要素得到的中心点、轴线或中心平面，如图 3-3（d）所示。圆柱面任意横截面上的导出中心点为拟合圆的圆心，圆柱面的导出中心线为拟合圆柱面的中心线。

由设计所给定的要素为公称要素，通过制造加工后客观存在的为实际要素，在检测过程中通过对工件测量得到的为提取要素，在评定过程中通过数据处理得到的为拟合要素。

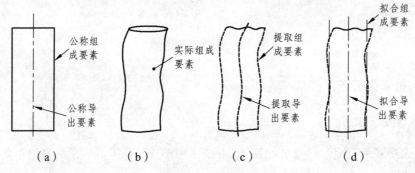

（a）　　　　（b）　　　　（c）　　　　（d）

图 3-3　几何要素

3.2.2　几何要素的分类

几何要素的分类如图 3-4 所示。

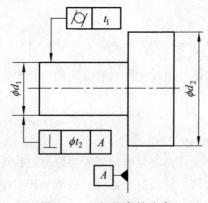

图 3-4　几何要素的分类

1. 按结构特征分类

（1）组成要素（轮廓要素）：即构成零件外形为人们直接感觉到的点、线、面。

（2）导出要素（中心要素）：即轮廓要素对称中心所表示的点、线、面。其特点是不能为人们直接感觉到，而是通过相应的轮廓要素才能体现出来，如零件上的中心面、中心线、中心点等。

2. 按存在状态分类

（1）实际要素：即零件上实际存在的要素，可以通过测量反映出来的要素代替。

（2）理想要素：它是具有几何意义的要素；是按设计要求，由图样给定的点、线、面的理想形态；它不存在任何误差，是绝对正确的几何要素。理想要素是评定实际要素的依据，在生产中是不可能得到的。

3. 按所处部位分类

（1）被测要素：即图样中给出了几何公差要求的要素，是测量的对象。

（2）基准要素：即用来确定被测要素方向和位置的要素。基准要素在图样上都标有基准符号。

4. 按功能关系分类

（1）单一要素：指仅对被测要素本身给出形状公差的要素。

（2）关联要素：即与零件基准要素有功能要求的要素。

3.3 几何公差的项目及其符号

国家标准将几何公差分为 14 个项目，它们的名称和符号如表 3-1 所示。

表 3-1　几何公差项目符号

公差类型	几何特征	符 号	有无基准
形状公差	直线度	—	无
	平面度	▱	无
	圆度	○	无
	圆柱度	⌿	无
	线轮廓度	⌒	有或无
	面轮廓度	⌓	有或无
方向公差	平行度	∥	有
	垂直度	⊥	有
	倾斜度	∠	有
	线轮廓度	⌒	有
	面轮廓度	⌓	有

公差类型	几何特征	符 号	有无基准
位置公差	位置度	⊕	有或无
	同心度（用于中心点）	◎	有
	同轴度（用于轴线）	◎	有
	对称度	=	有
	线轮廓度	⌒	有
	面轮廓度	⌒	有
跳动公差	圆跳动	↗	有
	全跳动	↗↗	有

附加符号如表 3-2 所示。

表 3-2　附加符号

说　明	符　号	说　明	符　号
被测要素		最小实体要求	Ⓛ
		自由状态条件（非刚性零件）	Ⓕ
基准要素	A　A	全周（轮廓）	⌀
		包容要求	Ⓔ
		公共公差带	CZ
		小径	LD
基准目标	⌀2/A1	大径	MD
		中径、节径	PD
理论正确尺寸	50	线素	LE
延伸公差带	Ⓟ	不凸起	NC
最大实体要求	Ⓜ	任意横截面	ACS

注：①GB/T 1182—1996 中规定的基准符号为　Ⓐ　，此符号已不再使用。

②如需标注可逆要求，可采用符号 Ⓡ，见 GB/T 16671。

3.4 几何公差代号

国家标准 GB/T 1182—2008 规定，几何公差在技术图样上的标注一般采用几何公差代号进行标注，几何公差代号包括几何公差框格、指引线。

3.4.1 几何公差框格

几何公差标注时，公差要求写在两个或多个的矩形框格内，如图 3-5 所示，各格自左至右顺序书写以下内容。

图 3-5　几何公差框格

1. 几何公差特征项目符号

根据被测要素的几何特征、功能要求及特征项目本身的特点综合考虑，在几何公差的 14 个项目中选取。

2. 公差值

公差值为线性尺寸（单位为 mm），如果公差带形状为圆形或圆柱形时，公差值前应加注符号"ϕ"，如图 3-5（c）、(e) 所示；如果是球形，则加注"$S\phi$"，如图 3-5（d）所示。

3. 基　准

在方向公差、位置公差和跳动公差中，被测要素的方向或（和）位置要求由基准确定，基准符号由标注在基准方框内的大写字母用细实线与一个三角形相连而成，如图 3-6 所示。方框内的大写字母必须竖直（水平）书写，且不能采用如下字母：E、I、J、M、O、P、L、R、F。

图 3-6　基准符号

由一个要素建立的基准称为单一基准，如图 3-5（b）所示。

两个要素建立公共基准时，用中间加连字符的两个大写字母表示，如图 3-5（e）所示。

两个或三个基准建立基准体系时，表示基准的大写字母按基准的优先顺序自左至右填写在各框格内，如图 3-5（c）、(d) 所示。

4. 其他符号

当某项公差应用几个相同要素时，符号应在公差格的上方被测要素的尺寸之前注明要素的个数，并在两者间注"×"，如图 3-7（a）、（c）所示。

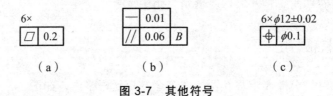

图 3-7　其他符号

当需要对某个要素给出几种几何特征的公差时，可将一个公差框格放在另一个框格的下方，如图 3-7（b）所示。

3.4.2　指引线

指引线为终端带一箭头的细实线，如图 3-8 所示，由公差框格任意一侧引出，指向被测要素（不能同时引出），箭头的方向应是公差带的宽度方向或直径方向，该方向为几何误差的测量方向或误差值评定方向。

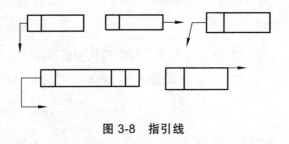

图 3-8　指引线

3.5　几何公差的标注

3.5.1　被测要素的标注方法

被测要素用指引线与公差框格相连。

1. 组成要素作为被测要素

当公差涉及轮廓线或轮廓面的组成要素时,箭头指向该组成要素的轮廓线或其延长线（应与尺寸线明显错开），如图 3-9（a）所示，箭头也可指向引出线的水平线，引出线引自被测面，如图 3-9（b）、（c）所示。

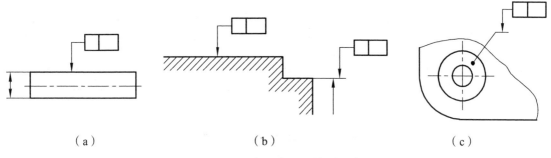

图 3-9　组成要素作为被测要素

2. 导出要素作为被测要素

当公差涉及中心线、中心面或中心点等导出要素时，指引线的箭头应位于相应尺寸线的延长线上，如图 3-10 所示。

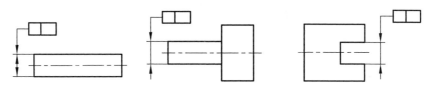

图 3-10　导出要素作为被测要素

3.5.2　基准要素的标注

1. 组成要素作为基准要素

当基准要素是轮廓线或轮廓面时，基准三角形放置在要素的轮廓线或延长线上，与尺寸线明显错开，如图 3-11（a）所示；也可放置在该轮廓面引出线的水平线上，如图 3-11（b）所示。

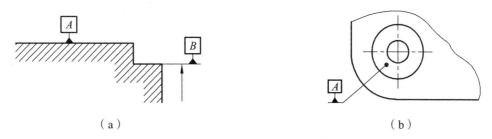

图 3-11　组成要素作为基准要素

2. 导出要素作为基准要素

当基准是尺寸要素确定的轴线、中心面或中心点等导出要素时，基准三角形放置在该尺寸线的延长线上，如图 3-12 所示。如果没有足够的空间，可用基准三角形代替基准要素尺寸的一个箭头，如图 3-12（c）所示。

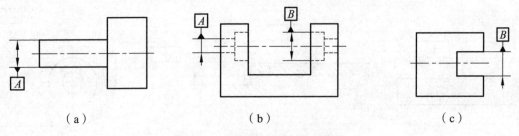

（a）　　　　　　　　　　（b）　　　　　　　　　　（c）

图 3-12　导出要素作为基准要素

如果只以要素的某一局部作为基准,则应用粗点画线表示出该部分并加注尺寸,如图 3-13 所示。

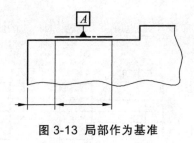

图 3-13　局部作为基准

3.5.3　附加规定的标注方法

（1）导出要素在一个方向上给定公差的标注。

① 位置公差公差带的宽度方向为理论正确尺寸图框的方向,并按指引线箭头所指互呈 0°或 90°, 如图 3-14（a）所示。

② 方向公差公差带的宽度方向为指引线箭头方向, 与基准呈 0°或 90°, 如图 3-14（b） 所示。

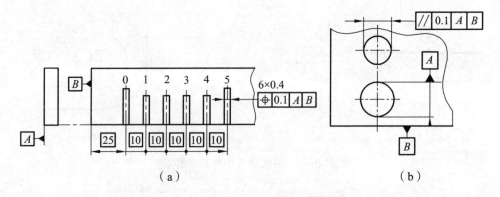

图 3-14　导出要素在一个方向上的标注

（2）导出要素在两个方向上给定公差的标注。

当同一基准体系中规定两个方向的公差时,它们的公差带是互相垂直的,如图 3-15 所示。

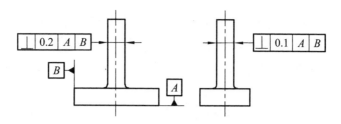

图 3-15　导出要素在两个方向上的标注

（3）一个公差框格可以用于具有相同几种特征和公差值的若干个分离要素，如图 3-16 所示。

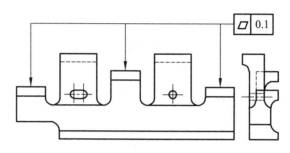

图 3-16　分离要素的标注

（4）若干个分离要素给出单一公差带时，可按图 3-17 所示在公差框格内公差值的后面加注公共公差带的符号 CZ。

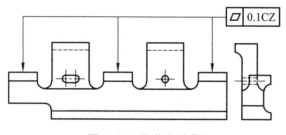

图 3-17　公共公差带

（5）轮廓度特征适用于横截面的整周轮廓或由该轮廓所示的整周表面时，应采用"全周"符号表示，如图 3-18 所示。

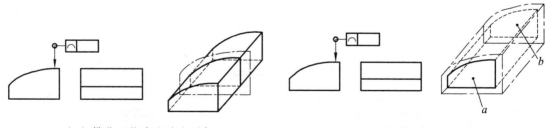

（a）横截面轮廓线的全周标记　　　（b）整个轮廓线的全周标记

图 3-18　全周标记

（6）以螺纹轴线为被测要素或基准要素时，默认为螺纹中径的轴线，否则应另有说明。例如，用"MD"表示大径，用"LD"表示小径，如图 3-19 所示。以齿轮、花键轴线为被测要素或基准要素时，需要说明所指的要素，如用"PD"表示节径，用"MD"表示大径，用"LD"表示小径。

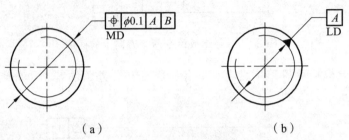

图 3-19　螺纹要素的附加标记

（7）理论正确尺寸。

当给出一个或一组要素的位置、方向或轮廓公差时，分别用来确定其理论正确位置、方向或轮廓的尺寸称为理论正确尺寸，该尺寸没有公差，并标注在一个方框中，如图 3-20 所示。理论正确尺寸也用作确定基准体系中各基准之间方向关系的尺寸。

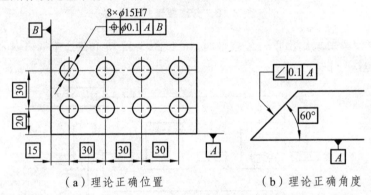

（a）理论正确位置　　　　　（b）理论正确角度

图 3-20　理论正确尺寸的标记

（8）需要对整个被测要素上任意限定范围标注同样几何特征的公差时，可在公差值的后面加注限定范围的线性尺寸值并在两者之间用斜线隔开，如图 3-21（a）所示。如果给出的公差仅适用于要素的某一指定局部，应采用粗点画线标出该局部的范围，并加注尺寸，如图 3-21（b）所示。

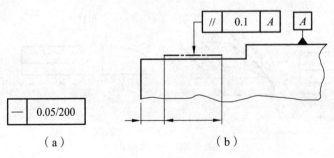

（a）　　　　　　　（b）

图 3-21　限定性的标注

3.6 几何公差及公差带

几何公差是用来限制零件本身的几何误差，它是实际被测要素的允许变动量。国家标准 GB/T 1182—2008 将几何公差分为形状公差、方向公差、位置公差和跳动公差。

几何公差带是由一个或几个理想的几何线或面所限定的，由线性公差值表示其大小的区域。几何公差带体现了被测要素的设计要求，也是加工和检验的根据，只要实际被测要素全部位于该区域内，则实际被测要素为合格，否则为不合格。

几何公差带的形状取决于被测要素的几何形状、几何公差特征项目和标注形式。几何公差带的主要形状为：

① 圆内的区域；

② 两同心圆之间的区域；

③ 两同轴圆柱面之间的区域；

④ 两等距离曲线之间的区域；

⑤ 两平行直线之间的区域；

⑥ 圆柱内的区域；

⑦ 两等距曲面之间的区域；

⑧ 两平行平面之间的区域；

⑨ 球内的区域。

3.6.1 形状公差

形状公差是单一实际被测要素对其理想被测要素的允许变动量，形状公差带是单一实际被测要素允许变动的区域，它不涉及基准。形状公差有直线度、平面度、圆度、圆柱度、无基准要求的线轮廓和无基准要求的面轮廓。

1. 直线度

直线度公差用于限制平面内或空间直线的形状误差，根据零件的功能要求不同，可分为给定平面内、给定方向上和任意方向的直线度要求。直线度公差带的定义及注释如表3-3 所示，被限制的直线可以是平面内的直线、回转体的表面素线、平面与平面交线和轴线等。

表 3-3　直线度公差带的定义及注释

项目	被测要素特征	公差带定义	标注注释
直线度	在给定平面内	公差带为在给定平面内间距等于公差值 t 的两平行直线所限定的区域 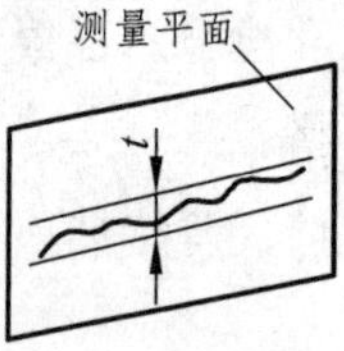 测量平面	在任一平行于图示投影面的平面内，上平面的提取（实际）线应限定在间距等于 0.1 mm 的两平行直线之间 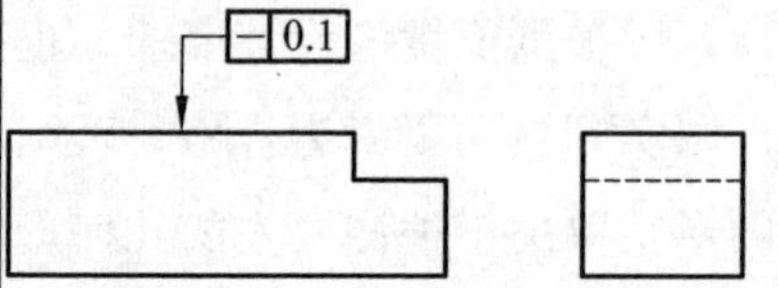 □ 0.1 直线度-给定平面内
	在给定方向上	公差带为间距等于公差值 t 的两平行平面所限定的区域 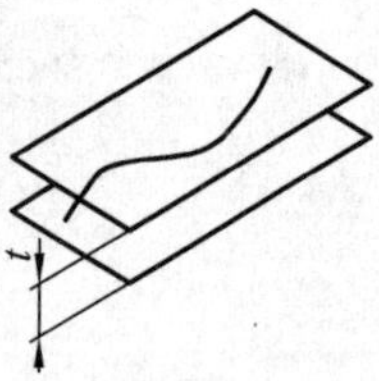	提取（实际）的棱边限定在间距等于 0.1 mm 的两平行平面之内 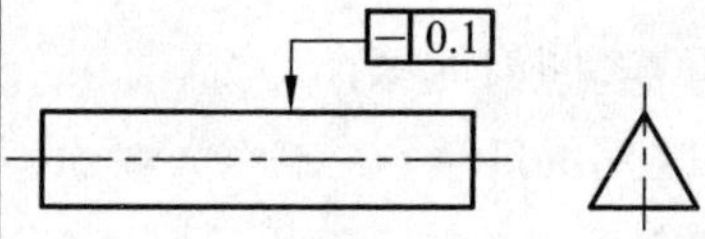 □ 0.1 直线度-给定一个方向
	在任意方向上	公差带为直径等于 ϕt 的圆柱面所限定的区域。此时，在公差值前加注 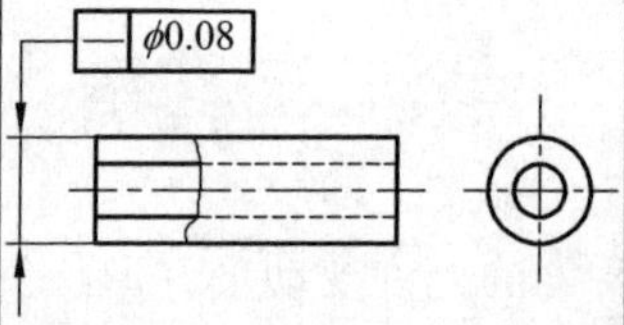 ϕ □ ϕ0.08	外圆柱面的提取（实际）中心线应限定在直径等于 ϕ0.08 mm 的圆柱面内。 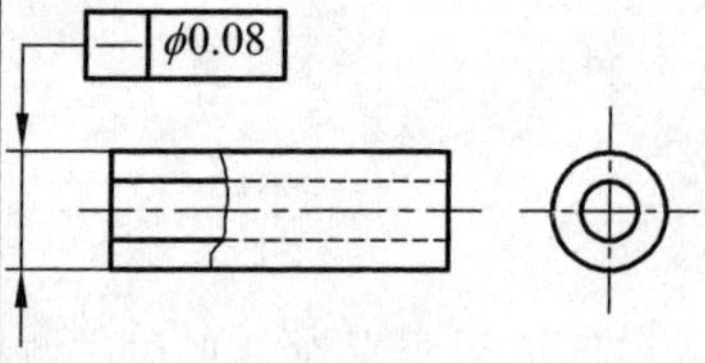 □ ϕ0.08 直线度-任意方向

2. 平面度

平面度是实际被测要素对理想平面的允许变动量。平面度的公差带如表 3-4 所示。

3. 圆　度

圆度是实际被测要素对理想圆的允许变动量。它是对圆柱面（圆锥面）的正截面和球体上通过球心的任一截面上的轮廓形状提出的形状精度要求，圆度的公差带如表 3-4 所示。标注圆度时指引线箭头应明显地与尺寸线箭头错开；标注圆锥面的圆度时，指引线箭头应与轴线垂直，而不应指向圆锥轮廓线的垂直方向。

4. 圆柱度

圆柱度是实际被测要素对理想圆柱面的允许变动量。它是对圆柱面所有正截面和纵向截面方向提出的综合性形状精度要求。圆柱度公差可以同时控制圆柱面纵、横截面各种形状误差。圆柱度的公差带如表 3-4 所示。

表 3-4 平面度、圆度和圆柱度公差带的定义及注释

项目	被测要素特征	公差带定义	标注及注释
平面度	单一实际平面	公差带为间距等于公差值 t 的两平行平面所限定的区域	提取（实际）表面应限定在间距等于 0.08 mm 的两平行平面内 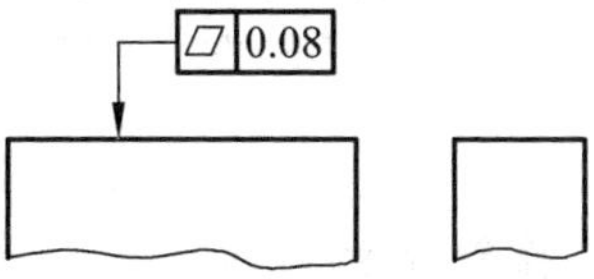
圆度	单一实际圆	公差带是在给定横截面上，半径差等于公差值 t 的两同心圆所限定的区域 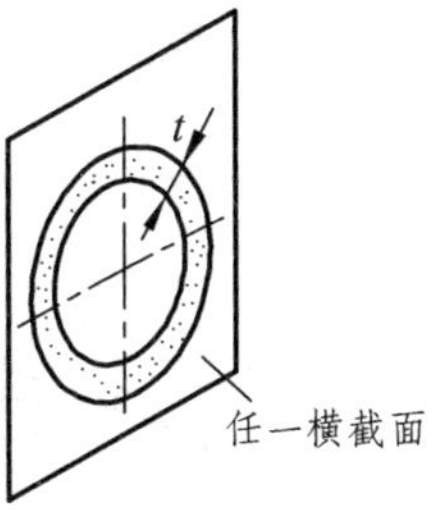	在圆柱面任一横截面内，提取（实际）圆周应限定在半径差等于 0.03 mm 的两共面同心圆之间 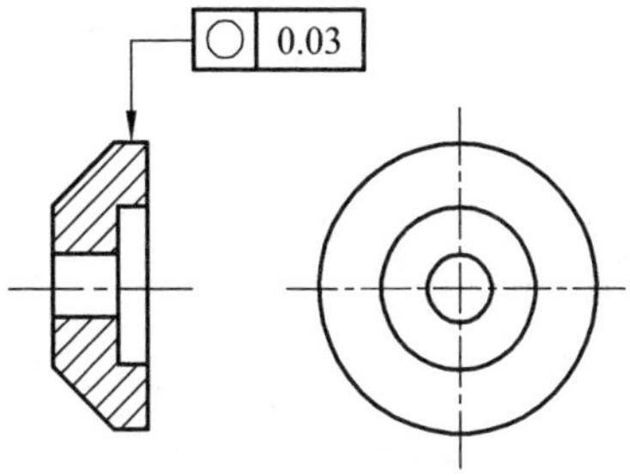 在圆锥面任一横截面内，提取（实际）圆周应限定在半径差等于 0.03 mm 的同心圆之间。 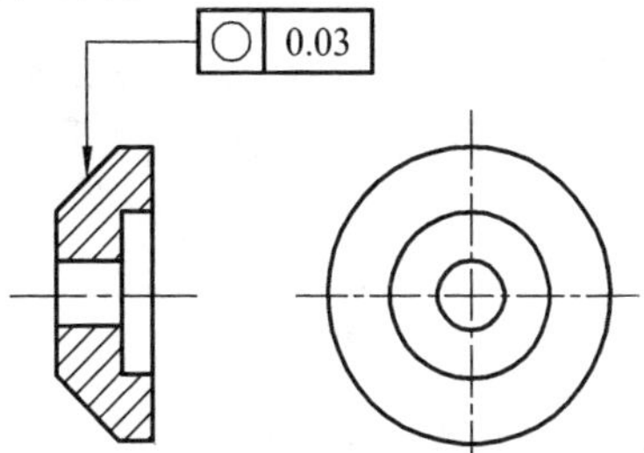
圆柱度	单一实际圆柱	公差带是半径差等于公差值 t 的两同轴圆柱面所限定的区域 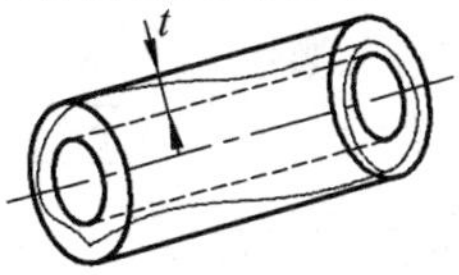	提取（实际）圆柱面应限定在半径差等于 0.1 mm 的两同轴圆柱面之间 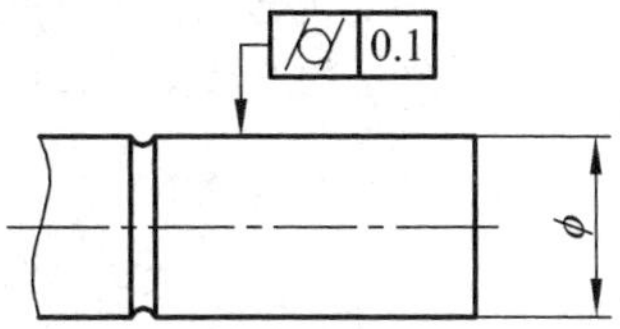

3.6.2 形状、方向或位置公差

轮廓度公差涉及的要素有曲线和曲面。轮廓度公差有两个项目：线轮廓度和面轮廓度。轮廓度公差在未标注基准时，其公差带的方向是浮动的，属于形状公差；标注基准时，其公

差带的方位是固定的，属于位置公差。在控制被测要素相对于基准方位误差的同时，自然控制被测要素的轮廓形状误差。

1. 线轮廓度

线轮廓度是在曲面上任一正截面上的实际轮廓线（曲线），线轮廓度的定义和注释如表 3-5 所示。

2. 面轮廓度

面轮廓度是空间曲面与实际曲面，面轮廓度的定义和注释如表 3-5 所示。

表 3-5　线轮廓度和面轮廓度公差带的定义和注释

项目	被测要素特征	公差带定义	标注及注释
线轮廓度（⌒）		公差带为直径等于公差值 t，且圆心位于具有理论正确几何形状上的一系列圆的两包络线所限定的区域 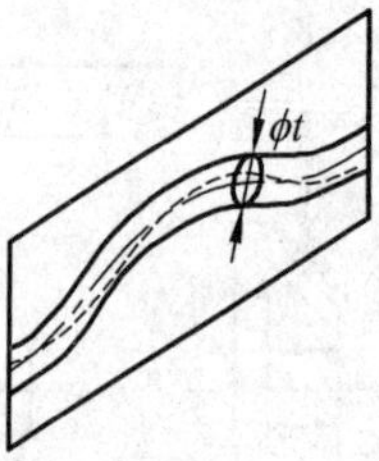	在平行于图示投影面的任一截面内，提取（实际）轮廓线应限定在直径等于公差值 0.04 mm，圆心位于被测要素理论正确几何形状上的一系列圆的两包络线之间 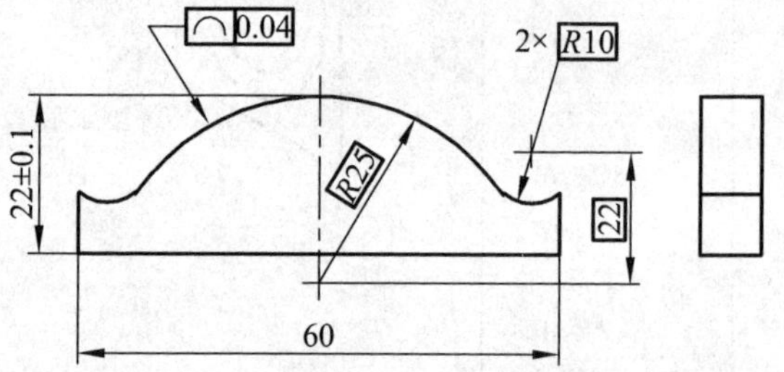
		公差带为直径等于公差值 t，且圆心位于由基准平面 A 和基准平面 B 确定的被测要素理论正确几何形状上的一系列圆的两包络线所限定的区域 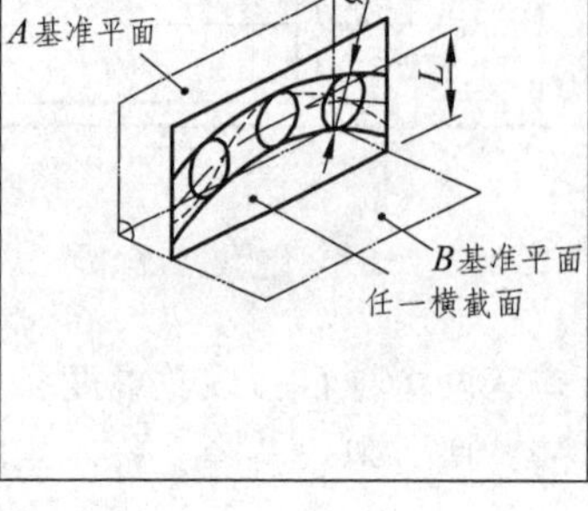	在任一平行于图示投影面的任一截面内，提取（实际）轮廓线应限定在直径等于公差值 0.04 mm，圆心位于由基准平面 A 和基准平面 B 确定的被测要素理论正确几何形状上的一系列圆的两等距包络线之间 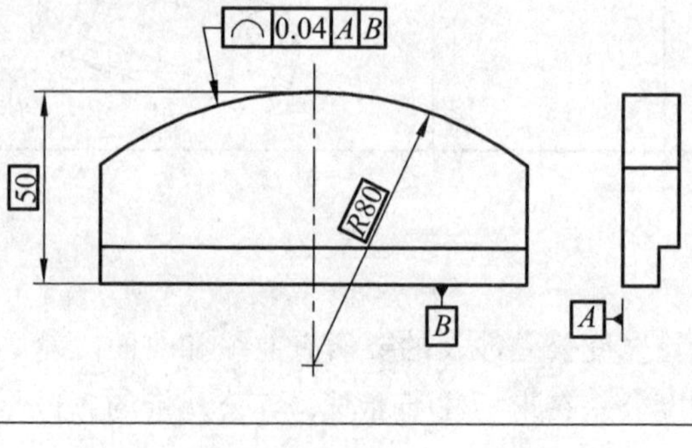

项目	被测要素特征	公差带定义	标注及注释
面轮廓度 ⌒		公差带为直径等于公差值 t，且球心位于被测要素理论正确几何形状上的一系列圆球的两包络面所限定的区域 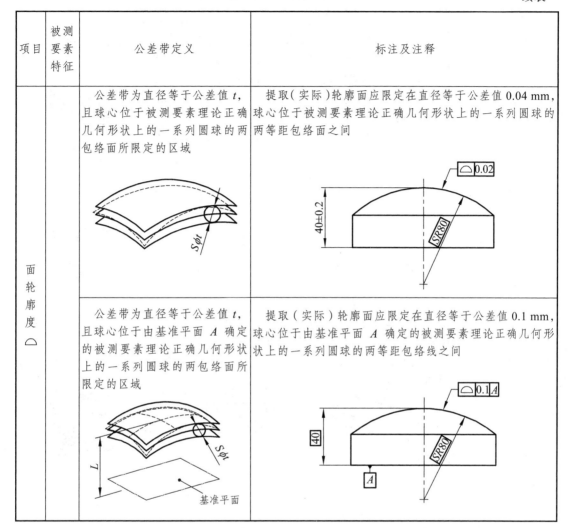	提取（实际）轮廓面应限定在直径等于公差值 0.04 mm，球心位于被测要素理论正确几何形状上的一系列圆球的两等距包络面之间
		公差带为直径等于公差值 t，且球心位于由基准平面 A 确定的被测要素理论正确几何形状上的一系列圆球的两包络面所限定的区域	提取（实际）轮廓面应限定在直径等于公差值 0.1 mm，球心位于由基准平面 A 确定的被测要素理论正确几何形状上的一系列圆球的两等距包络线之间

3.6.3 方向公差

方向公差是指被测要素对基准在方向上允许的变动量。方向公差分为平行度、垂直度、倾斜度 3 个项目，被测要素为直线和平面，基准要素有直线和平面。

方向公差带具有形状、大小和方向的要求，而其位置是浮动的。因此，方向公差带具有综合控制被测要素的方向和形状的职能。被测要素给出方向公差后仅在对其形状精度有进一步要求时，才另行给出形状公差，而形状公差值必须小于方向公差值。

1. 平行度

平行度公差用于限制被测要素对基准要素平行的误差，平行度公差带的定义和注释如表 3 6 所示。

表 3-6 平行度公差带的定义和注释

项目	被测要素特征	公差带定义	标注及注释
平行度 //	给定一个方向（线对线）面对基准线	公差带为距离公差值 t，且平行于基准轴线的两平行平面之间所限定的区域 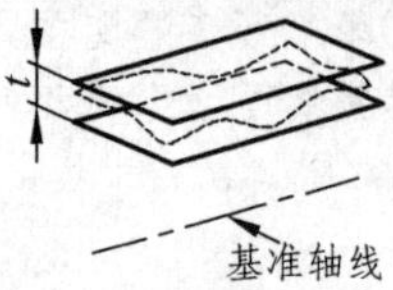	提取（实际）表面应限定在距离等于公差值 0.1 mm，且平行于基准轴线 C 的两平行平面之间 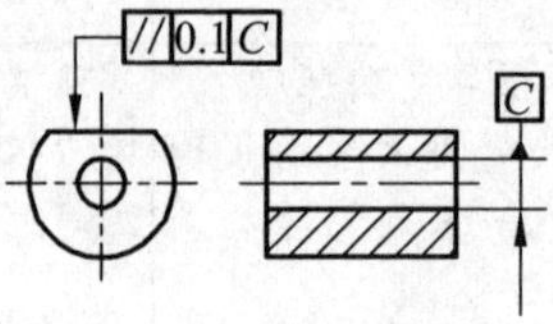
	面对基准面	公差带为距离等于公差值 t，且平行于基准平面的两平行平面之间所限定的区域 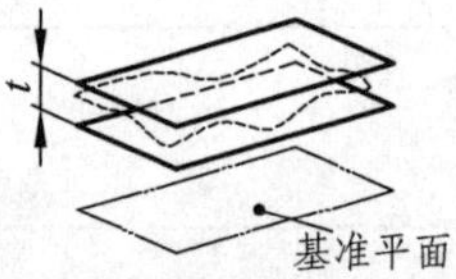	提取（实际）表面应限定在距离等于公差值 0.01 mm，且平行于基准平面 D 的两平行平面之间 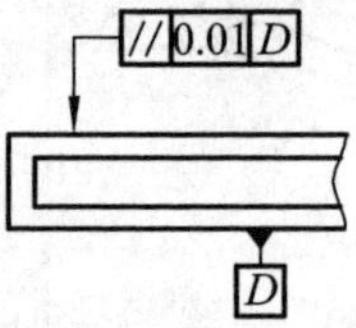
	线对基准面	公差带为距离等于公差值 t，且平行于基准平面的两平行平面之间所限定的区域 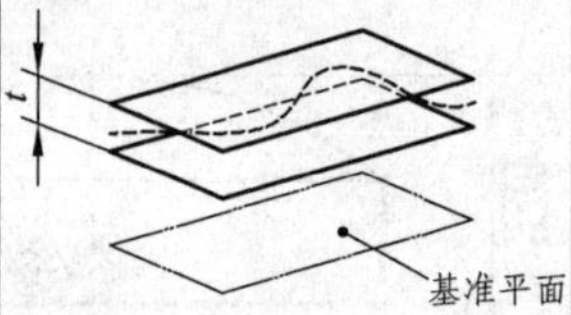	提取（实际）中心线应限定在距离等于公差值 0.01 mm，且平行于基准平面 B 的两平行平面之间 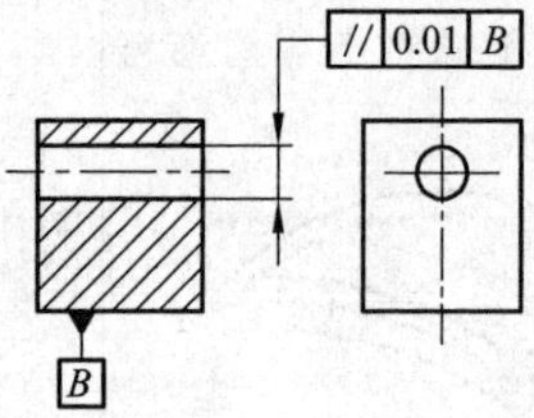
	线对基准线	公差带为直径等于距离公差值 ϕt，且平行于基准轴线的圆柱面所限定的区域 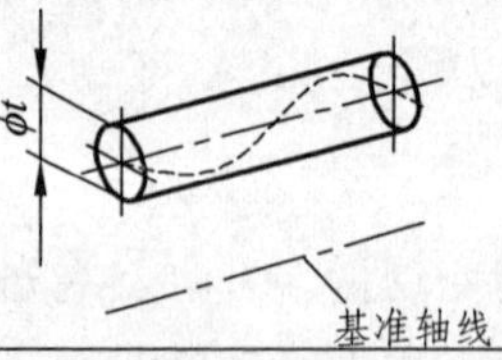	提取（实际）中心线应限定在直径等于公差值 $\phi 0.03$ mm，且平行于基准轴线 A 的圆柱面内 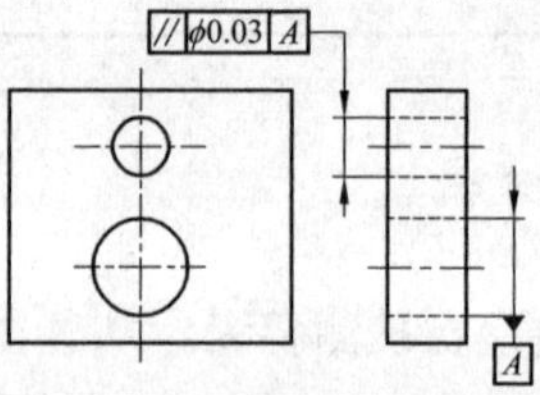
	线对基准体系	公差带为距离为公差值 t，且平行于基准轴线 A 和基准平面 B 的两平行平面所限定的区域 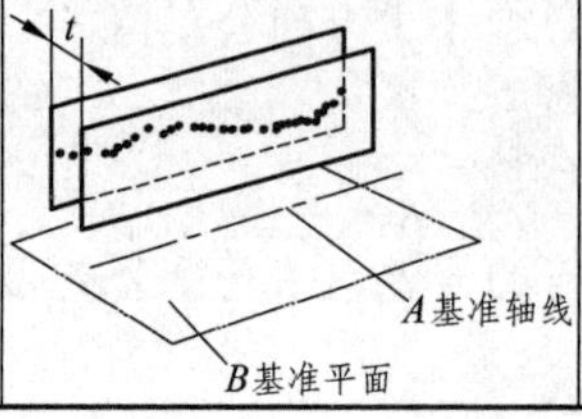	提取（实际）中心线应限定在距离为公差值 0.1 mm，且平行于基准轴线 A 和基准平面 B 的两平行平面之间 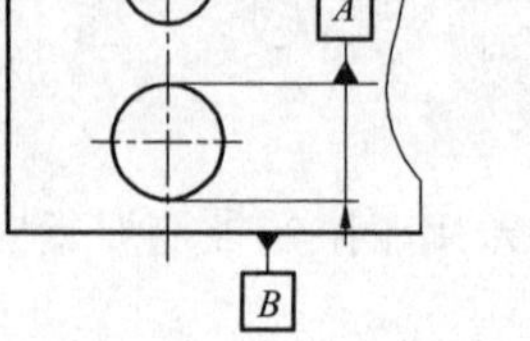

2. 垂直度

垂直度公差用于被测要素对基准要素垂直的误差，垂直度公差带的定义和注释如表 3-7 所示。

表 3-7　垂直度公差带的定义和注释

项目	被测要素特征	公差带定义	标注及注释
垂直度 ⊥	线对基准体系	公差带为距离为公差值 t，且垂直于基准平面 A 和基准平面 B 的两平行平面所限定的区域 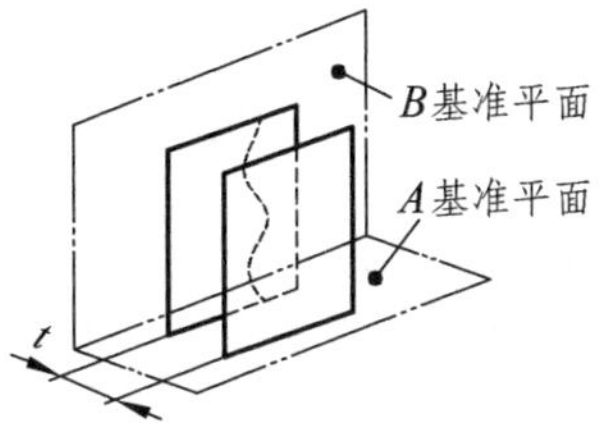	提取（实际）中心线应限定在距离为公差值 0.1 mm，且垂直于基准平面 A 和基准平面 B 的两平行平面之间 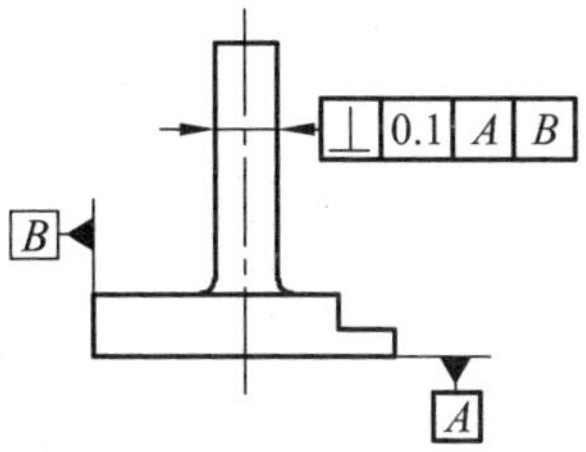
	线对基准线	公差带为直径等于距离公差值 t，且垂直于基准线的两平行平面所限定的区域 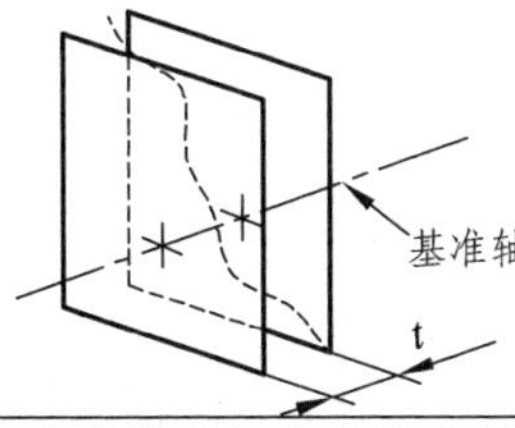	提取（实际）中心线应限定在距离为公差值 0.06 mm，且垂直于基准线 A 的两平行平面之间 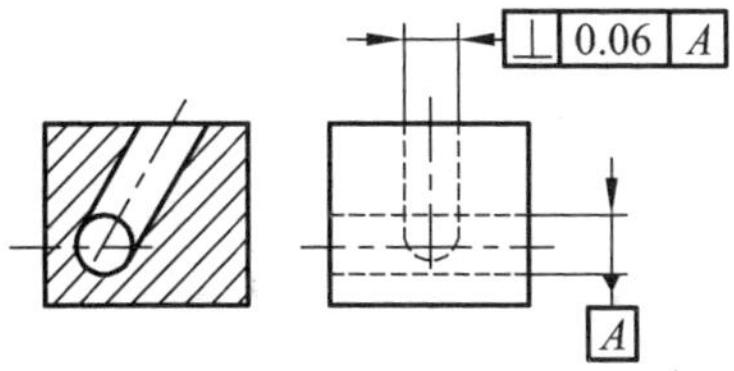
	线对基准面	公差带为直径等于公差值 ϕt，且垂直于基准平面 A 的圆柱面所限定的区域 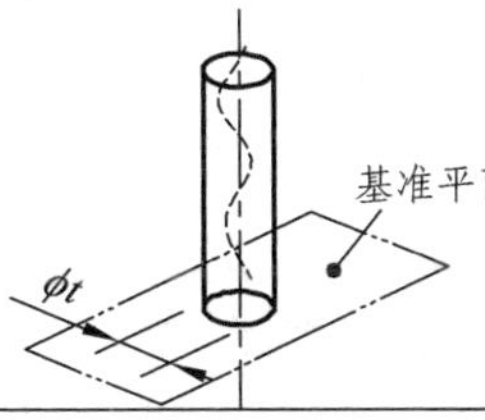	提取（实际）中心线应限定在直径等于公差值 $\phi 0.01$ mm，且垂直于基准平面 A 的圆柱面内 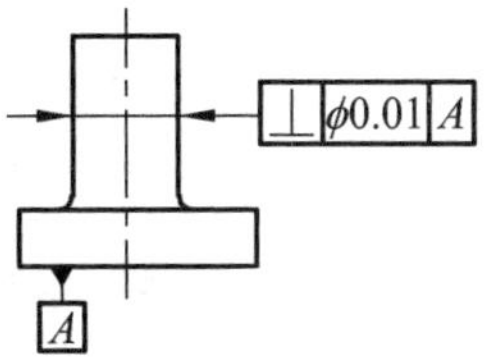
	面对基准线	公差带为距离等于公差值 t，且垂直于基准轴线 A 的两平行平面所限定的区域 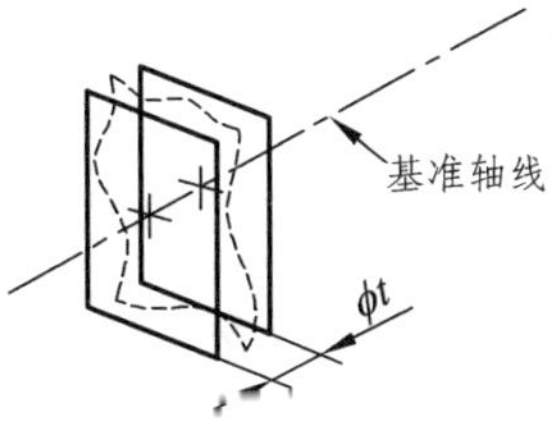	提取（实际）端面应限定在距离等于公差值 0.08 mm，且垂直于基准轴线 A 的两平行平面之间 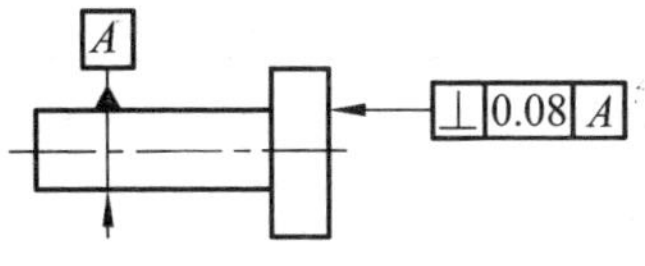

线对基准面垂直

3. 倾斜度

倾斜度公差用于限制被测要素对基准要素成一定角度的误差，倾斜度公差带的定义和注释如表 3-8 所示。

表 3-8　倾斜度公差带的定义和注释

项目	被测要素特征	公差带定义	标注及注释
倾斜度 ∠	线对线	公差带为距离等于公差值 t，且与公共基准轴线 *A-B* 倾斜成理论正确角度的两平行平面之间的区域 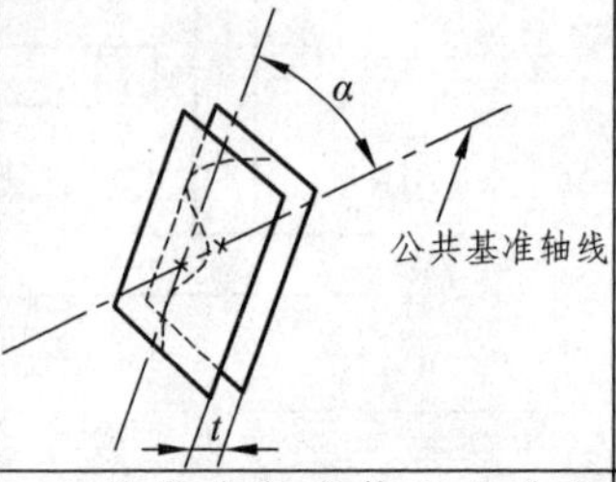	提取（实际）中心线应限定在距离等于公差值 0.08 mm，且与公共基准轴线 *A-B* 倾斜成理论正确角度 60° 的两平行平面之间 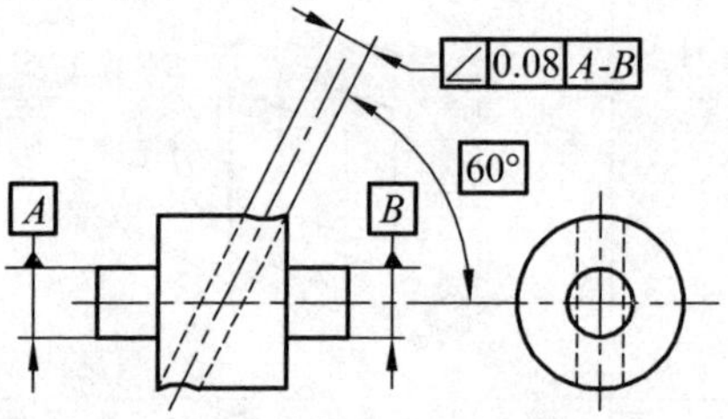
	线对面	公差带为距离等于公差值 ϕt，且与基准平面 A 倾斜成理论正确角度，平行基准平面 B 的圆柱面内的区域 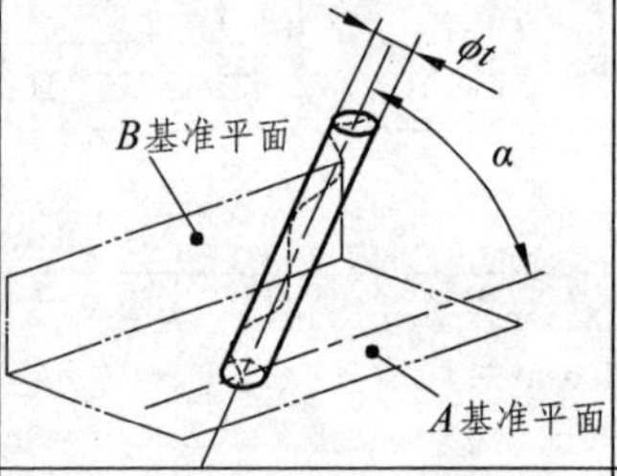	提取（实际）中心线应限定在距离等于公差值 $\phi 0.1$ mm，且与基准平面 A 倾斜成理论正确角度 60°，平行基准平面 B 的圆柱面内 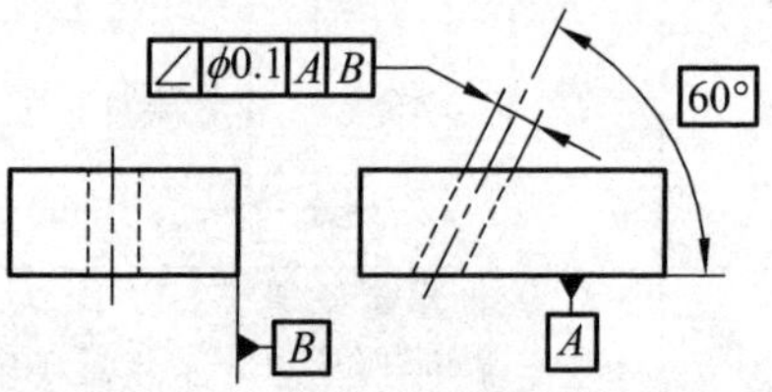
	面对线或面对面	公差带为距离等于公差值 t，且与基准面 A 成理论正确角度的两平行平面所限定的区域 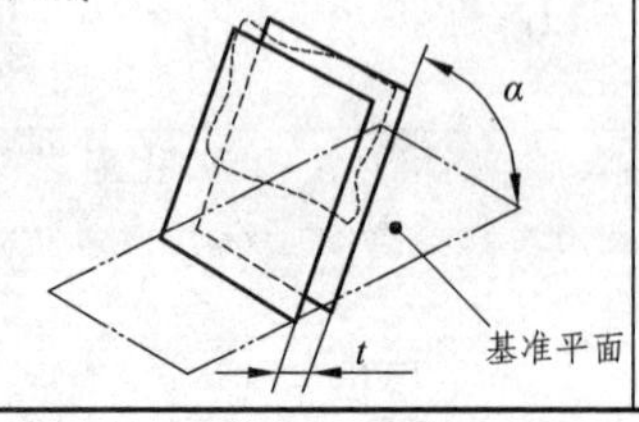	提取（实际）表面应限定在距离等于公差值 0.08 mm，且与基准平面 A 成理论正确角度 40° 的两平行平面之间 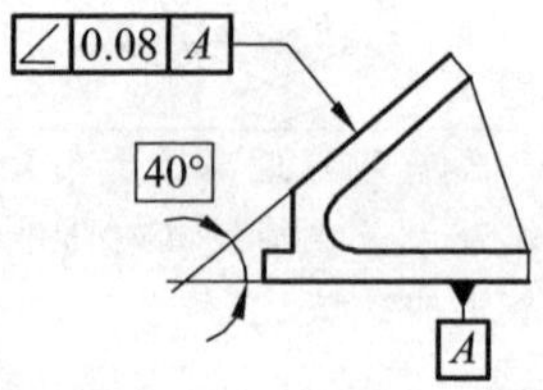

3.6.4　位置公差

位置公差是关联实际被测要素对基准在位置上所允许的变动量。位置公差带一般不仅有形状和大小的要求，而且相对于基准的定位尺寸为理论正确尺寸，因此还有特定方向和位置的要求，即位置公差带的中心具有确定的理想位置，且以该理想位置对称配置公差带。因此，对某一被测要素给出位置公差后，仅在对其方向精度或（和）形状精度有进一步要求时，才另行给出方向公差（和）形状公差，而方向公差值必须小于位置公差值，形状公差值必须小于方向公差值。

位置公差分为位置度、同轴（心）度和对称度3个项目。

1. 位置度

位置度公差用于限制被测要素（点、线、面）实际位置对理想位置的变动量，位置度公差用于控制被测要素（点、线、面）对基准的位置误差。根据零件的功能要求，位置度公差可分为给定一个方向、给定两个方向和任意方向3种，后者用得最多。

位置度公差通常用于控制具有孔组零件各个轴线的位置误差。组内各个孔的排列形式一般有圆周分布、链式分布和矩形分布等，这种零件上的孔通常是作为安装别的零件（螺栓）用的，为了保证装配互换性，各孔轴线的位置均有精度要求。其位置精度要求有两个方面：组内各孔间的相互位置度；孔组相对于基准的位置精度。位置度公差带的定义和注释如表 3-9 所示。

表 3-9　位置度公差带的定义和注释

项目	被测要素特征	公差带定义	标注及注释
位置度 ⊕	点的位置度	公差带为直径等于公差值 $S\phi t$，且与基准平面 A、B、C 所确定的理想位置为球心的球 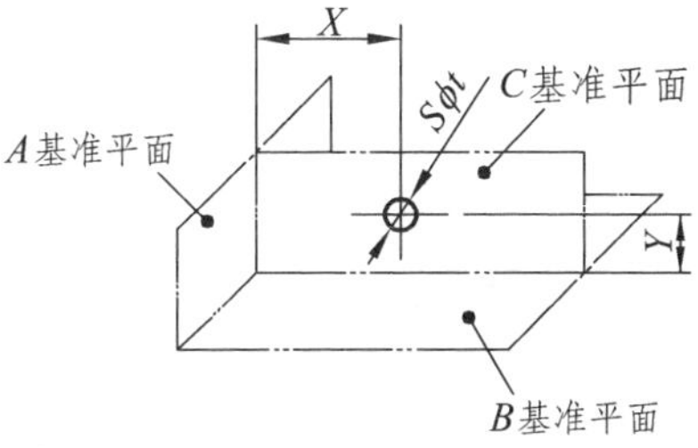	提取（实际）球的中心点应限定在直径等于公差值 $S\phi 0.03$ mm，且与基准平面 A、B、C 所确定的理想位置为球心的圆球面内 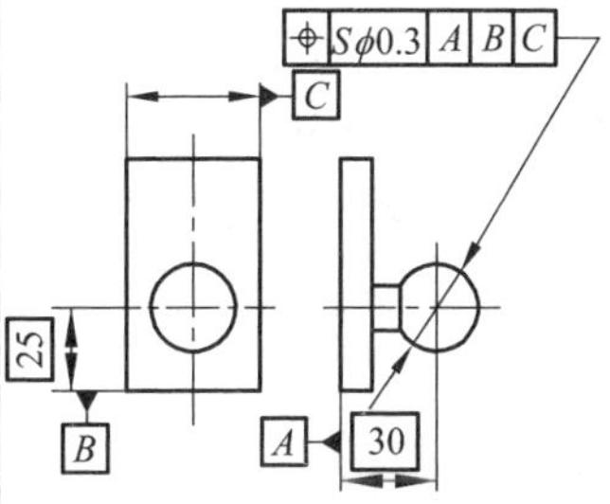
		公差带为距离分别等于公差值 t_1 和 t_2，对称于线的理论正确位置的两对相互垂直的平行直线所限定的区域，线的理论正确位置由基准平面 A、B 及理论正确尺寸确定 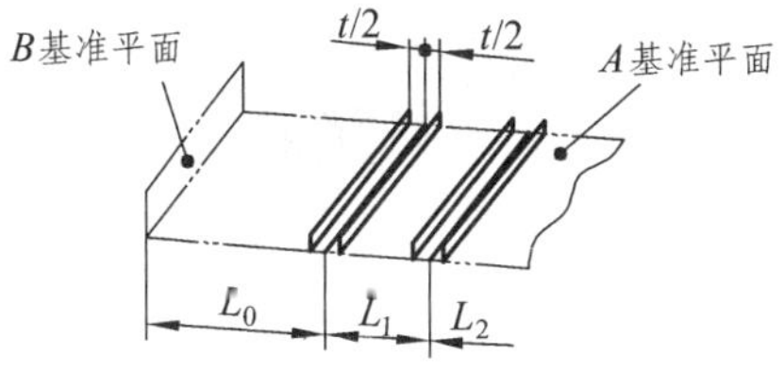	提取（实际）中心线应限定在距离等于公差值 0.1 mm，对称于由基准平面 A、B 和理论正确尺寸确定的理论正确位置的两平行直线内 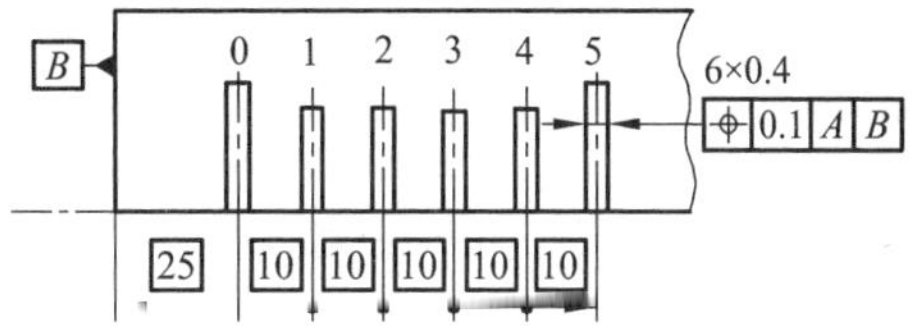

项目	被测要素特征	公差带定义	标注及注释
位置度 ⊕	线的位置度（任意方向）	公差带为直径等于公差值 ϕt，且与基准平面 C、A、B 及理论正确尺寸所确定圆柱面所限定的区域	提取（实际）轴线应限定在直径等于公差值 $\phi 0.08$ mm 且与基准平面 C、A、B 及理论正确尺寸所确定圆柱面内
	平面或中心平面的位置度	公差带为距离等于公差值 t，且对称于被测平面的理论正确位置的两平行平面所限定的区域。被测平面的理论正确位置由基准平面 A 和基准轴线 B 及理论正确尺寸确定	提取（实际）平面应限定在距离为公差值等于 0.05 mm，且对称于平面的理论正确位置的两平行平面之间。平面的理论正确位置由基准平面 A 和基准轴线 B 及理论正确尺寸确定

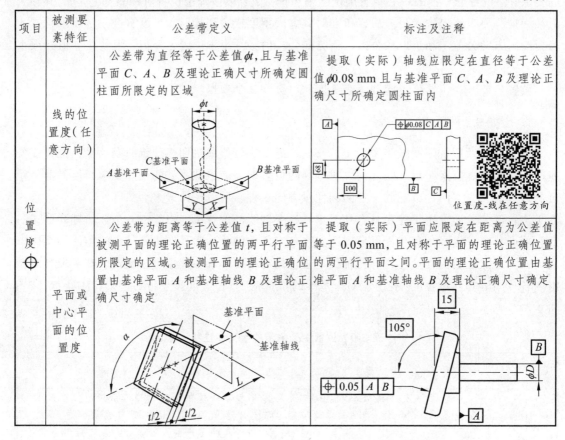

2. 同轴度

同轴度用于限制零件被测（导出）要素偏离基准轴线的误差。被测（导出）要素为中点时，称为同心度。同轴度公差带的定义和注释如表 3-10 所示。

表 3-10 同轴度公差带的定义和注释

项目	被测要素特征	公差带定义	标注及注释
同轴度 ◎	点的同轴度（圆心对圆心）	公差带为直径等于公差值 ϕt，且与基准圆心同心的圆所限定的区域	提取（实际）任意横截面内孔的圆心点应限定在直径等于公差值 $\phi 0.2$ mm 且与基准 A 为圆心的圆内

项目	被测要素特征	公差带定义	标注及注释
同轴度 ◎	轴线的同轴度(轴线对公共轴线)	公差带为直径等于公差值 ϕt，且与公共基准轴线 A-B 同轴的圆柱面所限定的区域	提取（实际）外圆柱面的中心线应限定在直径等于公差值 $\phi 0.08$ mm 且与公共基准轴线 A-B 同轴的圆柱面内

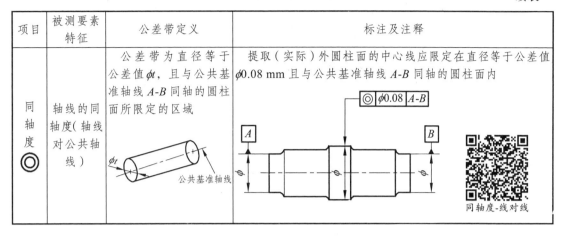

3. 对称度

对称度用于限制被测（导出）要素（中心面或轴线）偏离基准平面、直线的误差，对称度公差带的定义和注释如表 3-11 所示。

表 3-11　对称度公差带的定义和注释

项目	被测要素特征	公差带定义	标注及注释
对称度	线（面）对公共中心平面	公差带为距离等于公差值 t，且相对基准中心平面 A 对称配置的两平行平面所限定的区域	提取（实际）中心平面应限定在距离等于公差值 0.08 mm，且相对于基准中心平面 A 对称配置的两平行平面之间

3.6.5　跳动公差

跳动公差是关联实际被测要素绕基准轴线回转一周或几周时所允许的最大跳动量。跳动公差是按特定的测量方法定义的公差项目，测量方法简便。跳动公差与其他几何公差相比具有显著的特点：跳动公差带相对于基准轴线有确定的位置，跳动公差带可以综合控制被测要素的位置、方向和形状。

跳动公差是以特定的检测方式为依据而设定的公差项目。它的检测方法简单实用，又具有一定的综合控制功能，能将某些形位误差综合反映在检测结构中，因而在生产中得到广泛应用。

跳动公差是关联实际要素绕基准轴线回转一周或几周时所允许的最大跳动量。

跳动公差与其他形位公差相比有显著特点：跳动公差带相对于基准轴线有确定的位置；跳动公差带可以综合控制被测要素的位置、方向和形状。

跳动公差分为圆跳动和全跳动两类。

1. 圆跳动

圆跳动公差是被测提取要素绕基准轴线做无轴向移动旋转一周时允许的最大变动量 t。圆跳动可分为径向圆跳动、端面圆跳动和斜向圆跳动，圆跳动公差带的定义和注释如表 3-12 所示。

表 3-12　圆跳动公差带的定义和注释

项目	被测要素特征	公差带定义	标注及注释
圆跳动 ↗	径向圆跳动	公差带为垂直于公共基准轴线 $A\text{-}B$ 的任一测量平面内，半径差等于公差值 t，且圆心在基准轴线上的两同心圆所限定区域 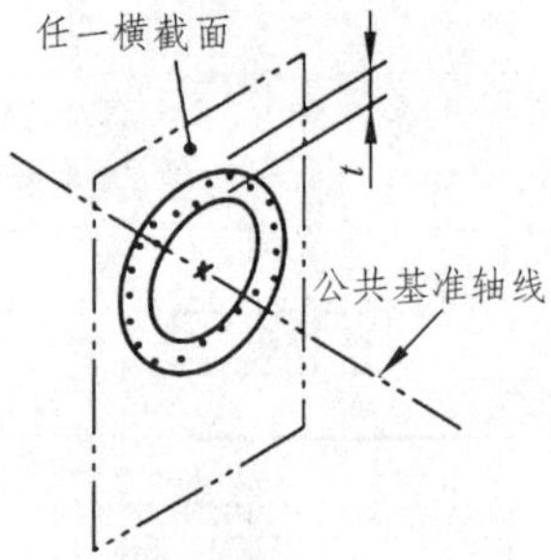 	提取（实际）线应限定在半径差等于公差值 0.1 mm，且圆心在公共基准轴线 $A\text{-}B$ 上的两同心圆内 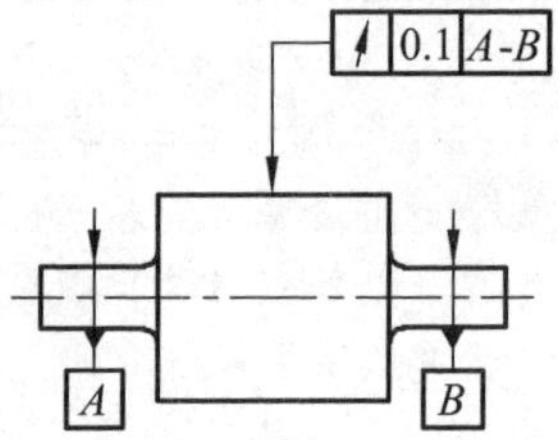 径向圆跳动
	端面圆跳动	公差带为与基准轴线 D 同轴的任一半径位置的测量圆柱面上，距离等于公差值 t 的两圆所限定的区域 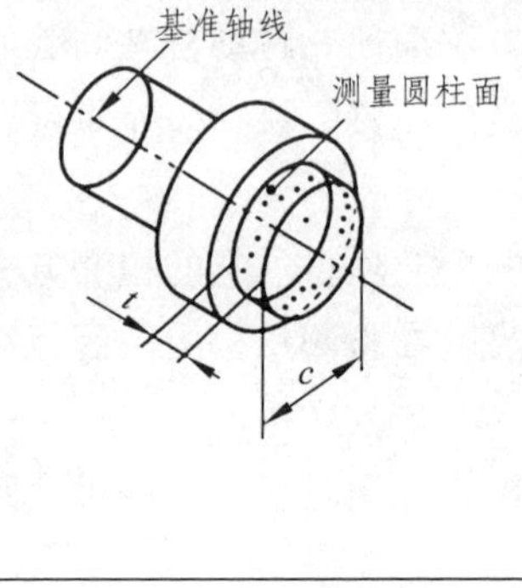 	在与基准轴线 D 同轴的任一圆柱形截面上，提取（实际）圆应限定在轴向距离等于公差值 0.1 mm 的两个等圆之间 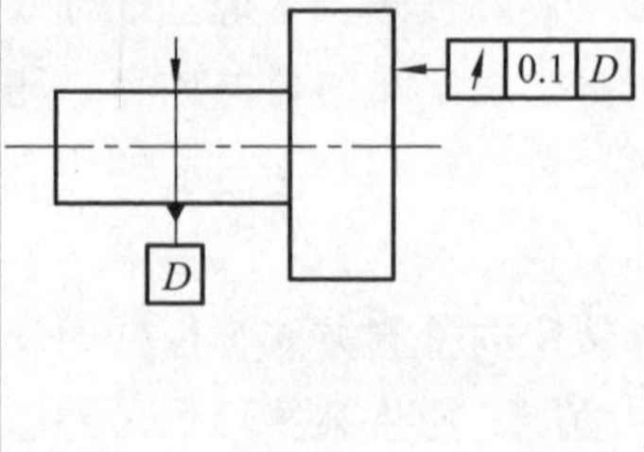 端面圆跳动

项目	被测要素特征	公差带定义	标注及注释
圆跳动	斜向圆跳动	公差带为与基准轴线 C 同轴的任一半径位置的测量圆锥面上，距离等于公差值 t 的两圆所限定的区域 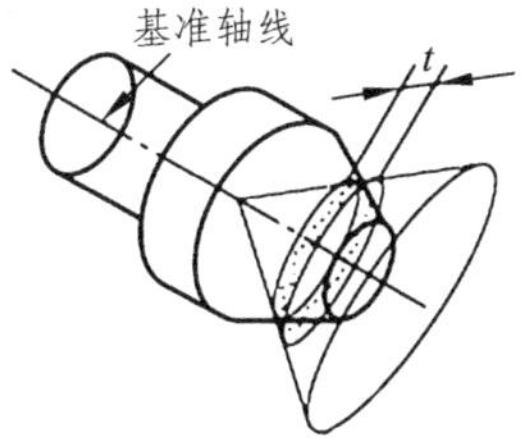 	在与基准轴线 C 同轴的某一圆锥截面上，提取（实际）线应限定在素线方向距离等于公差值 0.1 mm 的两个不等圆之间 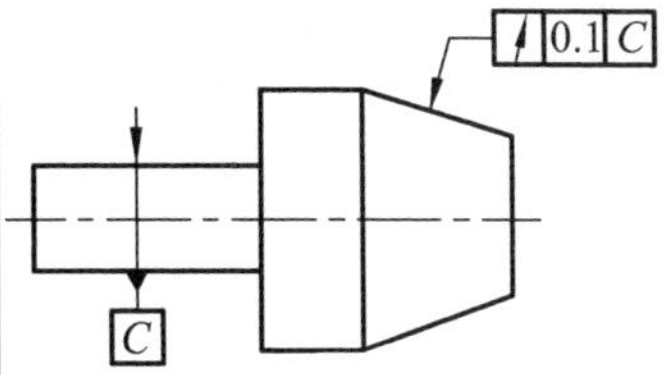 斜向圆跳动
	斜向（给定角度）圆跳动	公差带为与基准轴线 C 同轴的任一给定角度的测量圆锥面上，距离等于公差值 t 的两圆所限定的区域 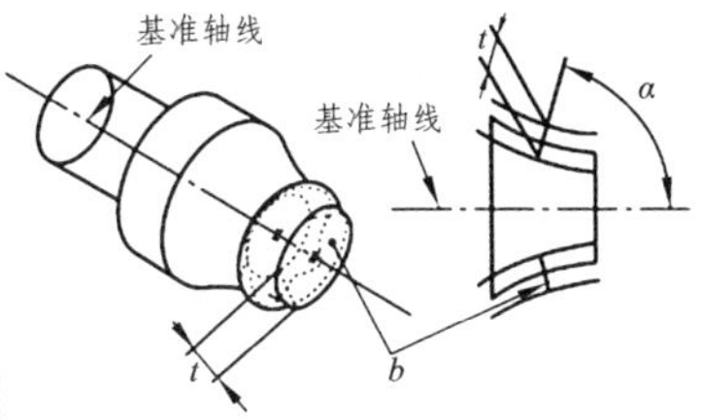 	在与基准轴线 C 同轴且有给定角度 60° 的任一圆锥截面上，提取（实际）线应限定在素线方向距离等于公差值 0.1 mm 的两个不等圆之间 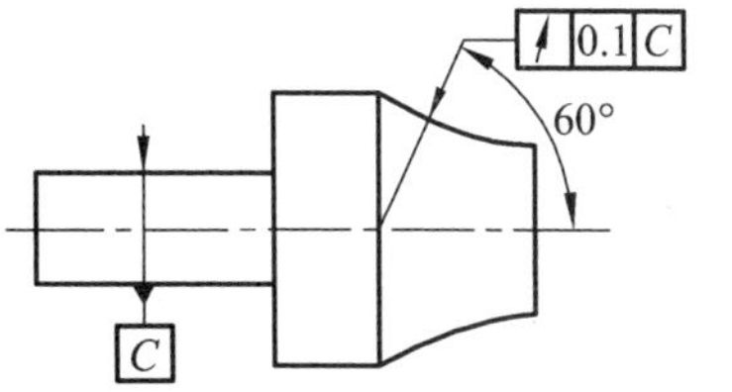

　　圆跳动公差是被测要素某一固定参考点围绕基准轴线旋转一周时（零件和测量仪器无轴向位移）允许的最大变动量。圆跳动公差适用于每一个不同的测量位置，圆跳动可能包括圆度、同轴度、垂直度或平面度误差，这些误差的总值不能超过给定的圆跳动公差。

2. 全跳动

　　全跳动公差是被测提取要素绕基准轴线连续回转，同时指示计沿给定方向的直线移动时允许的最大变动量 t。全跳动可分为径向全跳动和轴向（端面）全跳动，全跳动公差带的定义和注释如表 3-13 所示。

表 3-13　全跳动公差带的定义和注释

项目	被测要素特征	公差带定义	标注及注释
全跳动 ⫫	径向全跳动	公差带为半径差等于公差值 t，且与公共基准轴线 A-B 同轴的两圆柱面所限定的区域 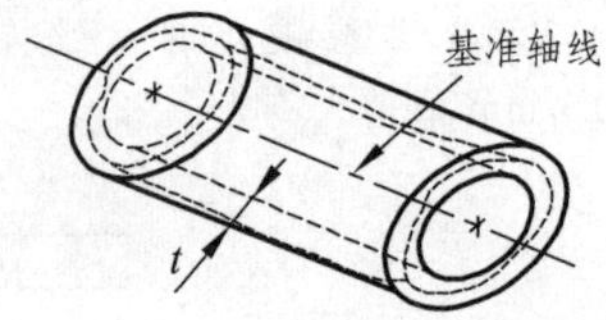 基准轴线 t	提取（实际）圆柱面应限定在半径差等于公差值 0.1 mm，且与公共基准轴线 A-B 同轴的两圆柱面之间 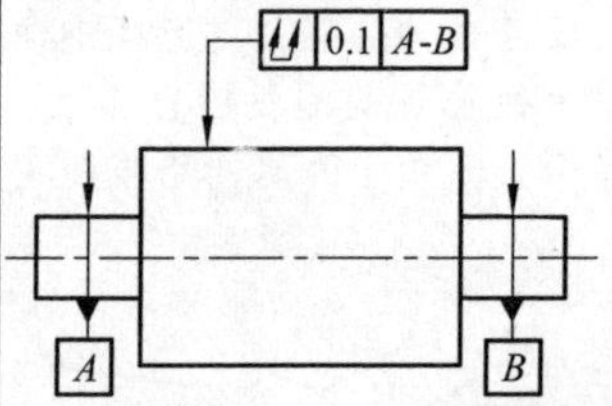 ⫫ 0.1 A-B A　B 径向全跳动
	轴向全跳动	公差带为间距等于公差值 t，且与基准轴线 D 垂直的两平行平面所限定的区域 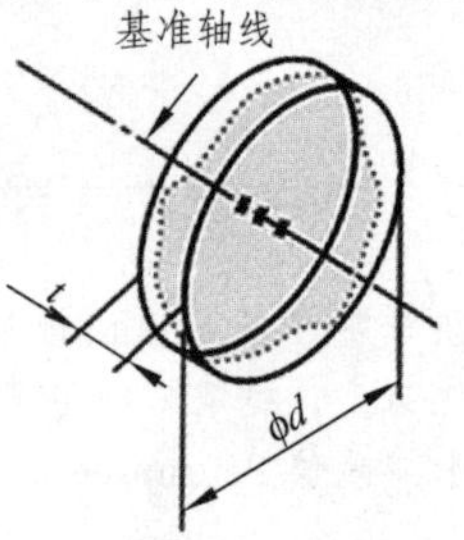 基准轴线 t　ϕd	提取（实际）表面应限定在间距等于公差值 0.1 mm，且与基准轴线 D 垂直的两平行平面之间 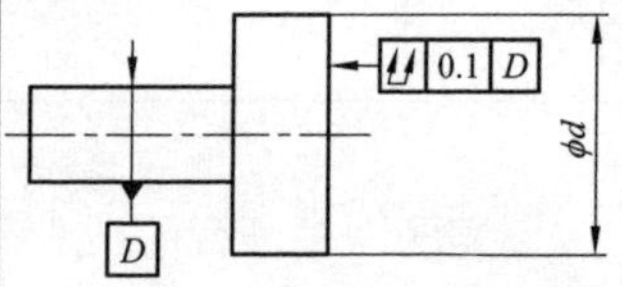 ⫫ 0.1 D D　ϕd 端面全跳动

3.7　公差原则

在零部件设计时，为了保证其功能要求，实现互换性，对某些要素要同时给定尺寸公差和几何公差，合理处理两者之间相互关系的规定称为公差原则。GB/T 4249—2009《产品几何技术规范（GPS）公差原则》、GB/T 16671—2009《产品几何技术规范（GPS）几何公差最大实体要求、最小实体要求和可逆要求》规定了尺寸公差和几何公差之间的关系。公差原则分为独立原则和相关要求两大类，相关要求又分为包容要求、最大实体要求、最小实体要求和可逆要求。

3.7.1　独立原则

独立原则是指图样上给定的尺寸公差和几何公差要求均是独立的，应分别满足各自的要求。独立原则是处理尺寸公差和几何公差相互关系的基本原则，绝大多数机械零件，其功能对要素的尺寸公差和几何公差的要求都是相互无关的，即遵循独立原则。

在独立原则中，尺寸公差控制提取要素的局部尺寸；几何公差控制形状、方向或位置误差。遵守独立原则的尺寸公差和几何公差在图样上不加任何特定的关系符号。

独立原则的标注如图 3-22（a）所示，对外圆柱面标注有直径尺寸公差和素线直线度公差、圆度公差。该标准说明提取圆柱面的局部尺寸应在上极限尺寸 $\phi150$ 和下极限尺寸 $\phi149.96$ 之间，其形状误差应在给定的直线度公差 0.06 和圆度公差 0.02 之内。不论提取圆柱面的局部尺寸如何，圆柱面的素线直线度误差和圆度误差均允许达到给定的最大值，如图 3-22（b）所示。

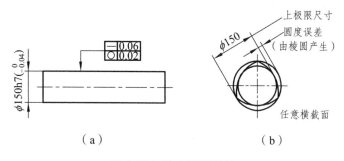

（a）　　　　　　　　　（b）

图 3-22　独立原则标注

3.7.2　相关要求

相关要求是图样上给定的尺寸公差与几何公差相互有关的公差要求，相关要求又分为包容要求、最大实体要求、最小实体要求和可逆要求。

1. 包容要求

包容要求是尺寸要素相应的组成要素的尺寸公差与其导出要素的形状公差之间相互有关的公差要求。采用包容要求的尺寸要素，其提取组成要素不得超越其最大实体边界，其局部尺寸不得超出最小实体尺寸。

包容要求适用于单一要素，采用包容要求的单一要素应在其尺寸极限偏差或公差带代号之后加注符号 Ⓔ，如图 3-23 所示。

图 3-23　包容要求的标注

包容要求

最大实体状态（MMC）为提取组成要素的局部尺寸处处位于极限尺寸且使其具有实体最大时（即材料量最多）的状态；最小实体状态（LMC）为提取组成要素的局部尺寸处处位于极限尺寸且使其具有实体最小时（即材料量最少）的状态。

最大实体尺寸（MMS）为确定要素最大实体状态的尺寸，即对于外尺寸要素（轴）为轴的上极限尺寸，$d_M = d_{max}$，对于内尺寸要素（孔）为孔的下极限尺寸，$D_M = D_{min}$。

最小实体尺寸（LMS）为确定要素最小实体状态的尺寸，即对于外尺寸要素（轴）为轴的下极限尺寸，$d_L = d_{min}$，对于内尺寸要素（孔）为孔的上极限尺寸，即 $D_L = D_{max}$。

最大实体边界（MMB）为由最大实体尺寸确定的具有理想形状的极限包容面

最小实体边界（LMB）为由最小实体尺寸确定的具有理想形状的极限包容面。

在图 3-23 中，圆柱表面必须在最大实体边界内，该边界的尺寸为最大实体尺寸 $\phi150$ mm，尺寸不得小于最小实体尺寸 $\phi149.96$ mm。

按包容要求，图样上只给出尺寸公差，但这种公差具有双重职能，即双重控制实际要素的尺寸变动量和几何误差的职能。当实际要素处处皆为最大实际状态时，其几何公差值为零，即不允许有任何几何误差产生，如图 3-24（d）所示；当实际要素偏离最大实体状态时，几何误差可获得补偿，如图 3-24（a）、（b）、（c）所示，补偿量来自尺寸公差；当提取实际要素为最小实体状态时，几何误差获得补偿量最多，如图 3-24（c）所示，轴线直线度误差最大值为 0.04 mm，等于尺寸公差值。

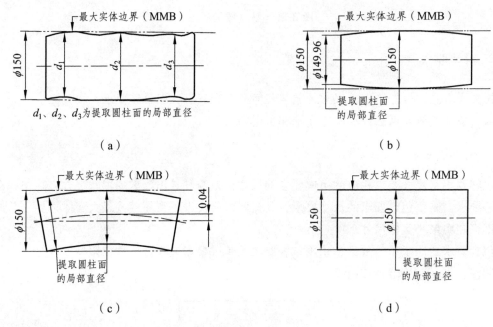

图 3-24　包容要求的应用

包容要求常用于保证孔、轴的配合性质，特别是配合公差较小的精密配合要求，所需的最小间隙或最大过盈通过各自的最大实体边界来保证。

2. 最大实体要求（MMR）

最大实体要求是指尺寸要素的非拟合要素不得超越最大实体实效边界，当其实际尺寸偏离最大实体尺寸时，允许其几何误差值超出在最大实体状态下给出的公差值的一种尺寸要素要求。

（1）最大实体时效状态（MMVC）。

在给定长度上，提取组成要素的局部尺寸处于最大实体状态，且其导出要素（中心要素）的几何误差等于给出公差值时的综合极限状态。

（2）最大实体时效尺寸（MMVS）。

确定要素最大实体实效状态的尺寸。对于内尺寸要素，为最大实体尺寸 D_M 减去几何公差值 t，即 $D_{MV} = D_M - t$；对于外尺寸要素，为最大实体尺寸 d_M 加几何公差值 t，即 $d_{MV} = d_M + t$。

最大实体时效边界为最大实体时效状态对应的极限包容面。

最大实体要求适用于提取导出要素（中心要素），最大实体要求控制被测要素的局部尺寸和几何误差综合结果形成的实际轮廓不得超出最大实体时效边界，并且局部尺寸不得超出极限尺寸，常用于保证可装配的场合。

最大实体要求的符号为 $\textcircled{M}$，当应用于被测要素时，在被测要素几何公差框格中的公差值后标注符号 $\textcircled{M}$，如图 3-25（a）所示；当应用于基准要素时，在几何公差框格内的基准字母代号后标注符号 $\textcircled{M}$，如图 3-26 所示。

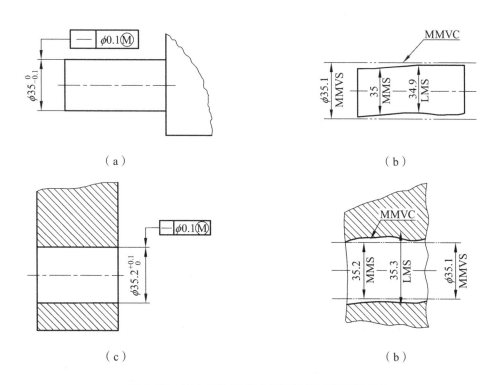

图 3-25　最大实体要求应用于被测要素时的标注

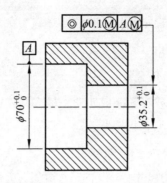

图 3-26 最大实体要求应用于基准要素时的标注

（3）最大实体要求应用于被测要素。

最大实体要求应用于被测要素时，被测要素的实际轮廓在给定的长度上处处不得超出最大实体实效边界，且其局部尺寸不得超出最大实体尺寸和最小实体尺寸。当被测要素偏离最大实体尺寸时，允许几何公差获得尺寸公差的补偿量，偏离多少补偿多少，使得几何误差值大于样图上标注的几何公差值。当被测要素为最小实体尺寸时，几何公差获得补偿量最多，即几何公差最大补偿值等于尺寸公差。标注方向或位置公差时，其最大实体实效状态或最大实体实效边界要与各自基准的理论正确方向或位置相一致。

如图 3-27（a）所示，圆柱面轴线的垂直度公差采用最大实体要求，其标注的含义如下：

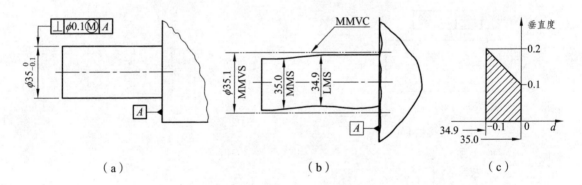

图 3-27 最大实体要求的应用

① 轴的提取组成要素不得违反其最大实体实效状态，其最大实体实效尺寸为 $d_{MV} = 35.01$ mm，最大实体尺寸为 $d_M = 35$ mm，最小实体尺寸为 $d_L = 34.9$ mm。

② 当该轴处于最大实体状态（$d_M = 35$ mm）时，其导出要素的几何公差为 $\phi0.1$ mm。

③ 如图 3-27 所示，当圆柱面的实际尺寸 $d_a = 34.95$ mm 时，该实际尺寸偏离最大实体尺寸的偏离量 $\Delta = d_M - d_a = 35 - 34.95 = 0.05$（mm），可将偏离量补偿到几何公差，补偿后的几何公差为 $0.05 + 0.1 = 0.15$（mm）。

④ 当该轴处于最小实体状态时，垂直度公差获得补偿量最多，最大补偿值为 0.1 mm，其中心线垂直度最大公差值为给定垂直度公差与尺寸公差之和，即实际尺寸为 d_L 时，实际尺

寸偏离最大实体尺寸的偏离量 $\Delta = d_M - d_a = 35 - 34.95 = 0.05$（mm），补偿后的几何公差为 $0.05 + 0.1 = 0.15$（mm）。

动态公差图如图 3-27（c）所示。

当给出的几何公差值为零时，则为零几何公差，如图 3-28（a）所示。此时，被测要素的最大实体实效边界等于最大实体边界，最大实体实效尺寸等于最大实体尺寸，该标注与包容要求的意义相同。

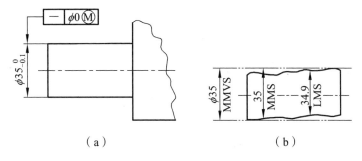

（a） （b）

图 3-28　零几何公差

（4）最大实体要求应用于基准要素。

最大实体要求应用于基准要素时，基准要素的提取组成要素不得违反基准要素的最大实体实效状态或最大实体实效边界。

当基准要素的导出要素没有标注几何公差要求或标注几何公差但没有最大实体要求时，基准要素的最大实体实效尺寸等于最大实体尺寸，其边界为最大实体边界，如图 3-29（a）所示。

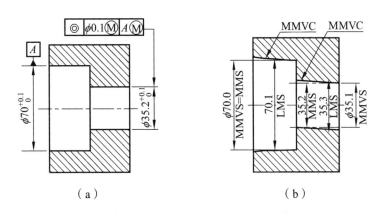

（a） （b）

图 3-29　最大实体要求应用于基准要素

当基准要素的导出要素标注有几何公差且有最大实体要求时，基准要素的最大实体实效尺寸按最大实体实效状态下的尺寸，其边界为最大实体实效边界。基准代号应直接标注在形成最大实体实效边界的几何公差框格下面，如图 3-30（a）所示。

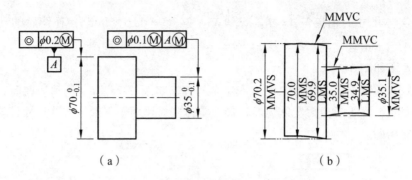

（a）   （b）

图 3-30　最大实体要求应用于基准要素

3. 最小实体要求

最小实体要求是指尺寸要素的非拟合要素不得超越最小实体实效边界，当其实际尺寸偏离最小实体尺寸时，允许其几何误差值超出在最小实体状态下给出的公差值的一种尺寸要素要求。

（1）最小实体时效状态（LMVC）。

在给定长度上，提取组成要素的局部尺寸处于最小实体状态，且其导出要素（中心要素）的几何误差等于给出公差值时的综合极限状态。

（2）最小实体时效尺寸（LMVS）。

确定要素最小实体实效状态的尺寸。对于内尺寸要素，为最小实体尺寸加几何公差值，即 $D_{LV} = D_L + t$；对于外尺寸要素，为最小实体尺寸减几何公差值，即 $d_{LV} = d_L - t$。

最小实体时效边界为最小实体时效状态对应的极限包容面。

最小实体要求适用于提取导出要素（中心要素），最小实体要求控制被测要素的局部尺寸和几何误差综合结果形成的实际轮廓不得超出最小实体时效边界，并且局部尺寸不得超出极限尺寸，常用于保证可装配的场合。

最小实体要求的符号为Ⓛ，当应用于被测要素时，在被测要素几何公差框格中的公差值后标注符号Ⓛ，如图 3-31（a）所示；当应用于基准要素时，在几何公差框格内的基准字母代号后标注符号Ⓛ，如图 3-32 所示。

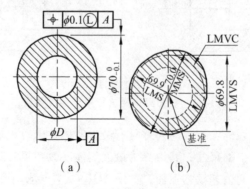

（a）   （b）

图 3-31　最小实体要求应用于被测要素

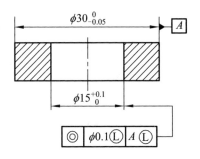

图 3-32　最小实体要求应用于基准要素

（3）最小实体要求应用于被测要素。

最小实体要求应用于被测要素时，注有公差要素的提取组成要素不得违反最小实体实效状态，即在给定的长度上处处不得超出最小实体实效边界，其提取局部尺寸不得超出最大和最小实体尺寸；当尺寸要素的拟合尺寸偏离最小实体尺寸时，允许其导出要素的几何误差相应增加。当注有公差要素的导出要素标注方向和位置公差时，其最小实体实效状态或最小实体实效边界要与各自基准的理论正确方向或位置相一致。

如图 3-33（a）所示，圆柱面轴线的垂直度公差采用最小实体要求，其标注的含义如下：

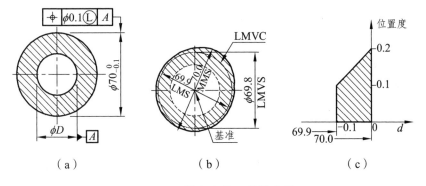

图 3-33　最小实体要求的应用

① 外尺寸要素的提取组成要素不得违反其最小实体实效状态，其最小实体实效尺寸为 LMVS = 69.8 mm，由其确定的最小实体实效边界的方向与基准 A 平行，且位置在与基准 A 同轴的理论正确位置上。

② 最大实体尺寸为 MMS = 70 mm，最小实体尺寸为 LMS = 69.9 mm，当外尺寸要素为最小实体状态（d_L = 69.9 mm）时，其导出要素的几何公差为 $\phi 0.1$ mm。

③ 如图 3-33（b）所示，当被测要素圆柱面的实际尺寸 d_a = 69.99 mm 时，该实际尺寸偏离最小实体尺寸的偏离量 $\Delta = d_a - d_L = 69.99 - 69.9 = 0.09$（mm），可将偏离量补偿到几何公差，补偿后的几何公差为 0.1 + 0.09 = 0.19（mm）。

④ 当被测要素的外尺寸要素为最大实体状态时，轴线的位置度公差获得补偿量最多，最大补偿值为 0.1 mm，其中心线垂直度最大公差值为给定垂直度公差与尺寸公差之和，即实际尺寸为 d_L 时，实际尺寸偏离最大实体尺寸的偏离量 $\Delta = d_M - d_L = 70 - 69.9 = 0.1$（mm），补偿后的几何公差为 0.1 + 0.1 = 0.2（mm）。

动态公差图如图 3-33（c）所示。

（4）最小实体要求应用于基准要素。

当最小实体要求应用于基准要素时，基准要素的提取组成要素不得违反基准要素的最小实体实效状态或最小实体实效边界。

当基准要素的导出要素没有标注几何公差要求，或标注有几何公差但是没有采用最小实体要求时，如图 3-34（a）所示，基准要素的最小实体实效尺寸＝最小实体尺寸，其相应的边界为最大实体边界。

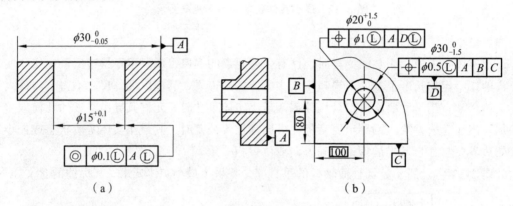

图 3-34　最小实体要求应用于基准要素

当基准要素的导出要素标注有几何公差，且采用最小实体要求时，基准代号应标注在形成最小实体实效边界的几何公差框格下面，如图 3-34（a）所示。基准要素的最小实体实效尺寸为

对外部要素：LMS－几何公差值

对内部要素：LMS＋几何公差值

最小实体要求应用于基准要素时，当尺寸要素的拟合尺寸偏离最小实体尺寸时，允许其导出要素的几何误差相应增大；当基准要素的拟合尺寸偏离最小实体尺寸时，允许基准要素在一定范围内浮动，浮动范围等于基准要素的拟合尺寸与其相应边界尺寸之差。

4. 可逆要求

可逆要求是最大（小）要求的附加要求，不能单独使用。可逆要求应用于导出要素，当导出要素的实际几何误差值小于给出的几何公差值时，允许在满足零件功能要求的前提下扩大尺寸公差值。

可逆要求在图样中用符号®标注在Ⓜ或Ⓛ之后，当可逆要求用于最大实体要求或最小实体要求时，并没有改变它们原来所遵守的极限边界，只是在原有尺寸公差补偿几何公差关系的基础上，增加几何公差补偿尺寸公差的关系，为加工时根据需要分配尺寸公差和几何公差提供方便。可逆要求用于最大实体要求，主要应用于公差及配合无严格要求，仅要求保证装配互换的场合，可逆要求一般很少用于最小实体要求。

如图 3-35（a）所示，为了满足与距离为理论正确尺寸 25 mm，公称尺寸为 10 mm 的孔形成配合关系，被测要素采用可逆的最大实体要求，其标注的含义如下：

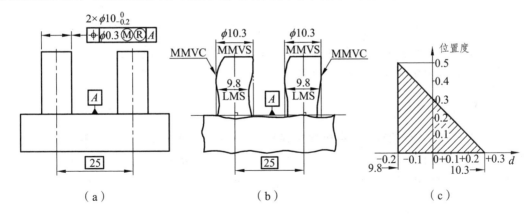

图 3-35　可逆要求的应用

（1）两轴的提取要素不得违反最大实体实效状态或最大实体实效边界。

（2）两轴的最大实体实效边界的导出要素间距为理论正确尺寸 25 mm，且与基准 A 保持理论正确垂直。

（3）两轴的提取要素各处的局部尺寸均大于最小实体尺寸 LMS = 9.8 mm，可逆要求允许其局部尺寸从 MMS = 10 mm 增大至最大实体实效尺寸 MMVS = 10.3 mm。

（4）当两轴提取要素局部尺寸均为最大实体尺寸时，其导出要素的位置度公差值为 0.3 mm；当两轴提取要素局部尺寸为最小实体尺寸时，其导出要素的位置公差值为 0.3 + 0.2 = 0.5 (mm)；当两轴处在最大实体状态和最小实体状态之间时，其导出要素的位置度在 0.3 ~ 0.5 mm 变化。由于附加了可逆要求，当两轴的导出要素位置度误差小于给定的位置度公差值 0.3 mm 时，允许两轴的尺寸公差值大于 0.2 mm，即提取要素各处的局部尺寸均可以大于最大实体尺寸；如果两轴的导出要素的位置度误差小于给定的公差 0.3 mm 时，两轴的提取要素的局部尺寸可大于最大实体尺寸，即尺寸公差允许大于 0.2 mm；如果两轴的导出要素位置度公差值为零，则两轴的提取要素的局部尺寸公差允许增大至 0.3 mm。尺寸公差与几何公差关系的动态公差图如图 3-35（c）所示。

3.8　几何公差的选用

零部件的几何误差对机器的正常使用有很大的影响，因此，合理、正确地选用几何公差对保证机器的功能要求、提高产品质量和降低制造成本具有十分重要的意义。几何公差的选用包括几何公差项目的选用、公差数值的选用和公差原则的选用。

在图样上是否给出几何公差要求，可按下述原则确定：凡几何公差要求用一般机床加工能保证的，不必在图样中注出，其公差值要求应按 GB/T 1184—1996《形状和位置公差　未注公差值》执行；凡几何公差有特殊要求的，则应按 GB/T 1182—2008《产品几何技术规范（GPS）几何公差　形状、方向、位置和跳动公差标注》规定标注出几何公差。

3.8.1 几何公差项目的选择

几何公差特征项目的选用原则为：在保证零件使用功能的前提下，尽量减少几何公差项目的数量，并尽量简化控制几何误差的方法。几何公差特征项目的选用主要从零件的几何特征、功能要求、测量的方便性等综合考虑。

1. 零件的几何特征

在几何公差的 14 个项目中，有单项控制的公差项目，如圆度、直线度、平面度等；也有综合控制的公差项目，如圆柱度、位置公差的各个项目。应该充分发挥综合控制的公差项目的职能，这样可以减少图样上给出的几何公差项目及相应的几何误差检测项目。

2. 零件的功能要求

零件的功能不同，对几何公差设计应提出不同的公差要求，因此应分析几何误差对零件使用性能的影响。如导轨面的形状误差将影响导向精度；圆柱面的形状误差将影响连接强度和可靠性，并影响转动配合的间隙均匀性和运动平稳性；轮廓表面或导出要素的方向或位置误差将直接决定机器的装配精度和运动精度，如滚动轴承的定位轴肩和轴线不垂直，将影响轴承的旋转精度。

3. 检测的便利性

在满足功能要求的前提下，应该选用测量简便的项目。例如，同轴度公差常常可以用径向圆跳动公差或径向全跳动公差代替，这样使得测量方便。不过应注意，径向全跳动是同轴度误差与圆柱面形状误差的综合结果，故当同轴度由径向全跳动代替时，给出的全跳动公差值应略大于同轴度公差值，否则就会要求过严。

3.8.2 几何公差值的选用

几何公差值的选用原则为：在满足零件功能要求的前提下，选取最经济的公差值。

1. 几何公差值的选用原则

（1）根据零件的功能要求，并考虑加工的经济性和零件的结构、刚性等情况，按公差表中数系确定要素的公差值，并考虑下列情况：

① 在同一要素上给出的形状公差值应小于位置公差值，方向公差值应小于位置公差值。如要求平行的两个表面，其平面度公差值应小于平行度公差值。

② 圆柱形零件的形状公差值（轴线的直线度除外）一般情况下应小于其尺寸公差值。圆度、圆柱度的公差值小于同级的尺寸公差值的 1/3，因而可按统计选取，但也可根据零件的功能，在邻近的范围内选取。

③ 平行度公差值应小于其相应的距离公差值。

（2）对于下列情况，考虑到加工的难易程度和除主参数外其他参数的影响，在满足零件功能的要求下，适当降低1~2级选用：

① 孔相对于轴；

② 细长的轴和孔；

③ 距离较大的轴和孔；

④ 宽度较大（一般大于1/2长度）的零件表面；

⑤ 线对线和线对面相对于面对面的平行度、垂直度公差。

2. 几何公差等级

圆度、圆柱度公差等级由高到低分为0、1、2、…、12共13个等级，公差值逐次递增，如表3-14所示。

表3-14 圆度、圆柱度公差值

主参数 d（D）/mm	公差等级												
	0	1	2	3	4	5	6	7	8	9	10	11	12
≤3	0.1	0.2	0.3	0.5	0.8	1.2	2	3	4	6	10	14	25
>3~6	0.1	0.2	0.4	0.6	1	1.5	2.5	4	5	8	12	18	30
>6~10	0.12	0.25	0.4	0.6	1	1.5	2.5	4	6	9	15	22	36
>10~18	0.15	0.25	0.5	0.8	1.2	2	3	5	8	11	18	27	43
>18~30	0.2	0.3	0.6	1	1.5	2.5	4	6	9	13	21	33	52
>30~50	0.25	0.4	0.6	1	1.5	2.5	4	7	11	16	25	39	62
>50~80	0.3	0.5	0.8	1.2	2	3	5	8	13	19	30	46	74
>80~120	0.4	0.6	1	1.5	2.5	4	6	10	15	22	35	54	87
>120~180	0.6	1	1.2	2	3.5	5	8	12	18	25	40	63	100
>180~250	0.8	1.2	2	3	4.5	7	10	14	20	29	46	72	115
>250~315	1.0	1.6	2.5	4	6	8	12	16	23	32	52	81	130
>315~400	1.2	2	3	5	7	9	13	18	25	36	57	89	140
>400~500	1.5	2.5	4	6	8	10	15	20	27	40	63	97	155

注：主参数 d（D）系轴（孔）的直径。

圆度、圆柱度主参数 d（D）图例如图3-36所示。

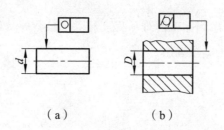

（a） （b）

图 3-36　圆度、圆柱度主参数 d（D）图例

直线度、平面度、平行度、垂直度、倾斜度、同轴度、对称度、圆跳动和全跳动公差等级由高到低分为 1、2、⋯、12 共 12 个等级，公差值逐次递增，如表 3-15 ～ 3-17 所示。

表 3-15　直线度、平面度公差值

主参数 L/mm	公差等级											
	1	2	3	4	45	6	7	8	9	10	11	12
≤10	0.2	0.4	0.8	1.2	2	3	5	8	12	20	30	60
>10~16	0.25	0.5	1	1.5	2.5	4	6	10	15	25	40	80
>16~25	0.3	0.6	1.2	2	3	5	8	12	20	30	50	100
>25~40	0.4	0.8	1.5	2.5	4	6	10	15	25	40	60	120
>40~63	0.5	1	2	3	5	8	12	20	30	50	80	150
>63~100	0.6	1.2	2.5	4	6	10	15	25	40	60	100	200
>100~160	0.8	1.5	3	5	8	12	20	30	50	80	120	250
>160~250	1	2	4	6	10	15	25	40	60	100	150	300
>250~400	1.2	2.5	5	8	12	20	30	50	80	120	200	400
>400~630	1.5	3	6	10	15	25	40	60	100	150	250	500

注：主参数 L 系轴、直线、平面的长度。

直线度、平面度主参数 L 图例如图 3-37 所示。

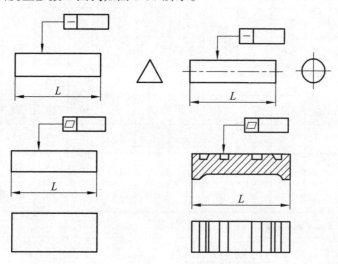

图 3-37　直线度、平面度主参数 L 图例

表 3-16 平行度、垂直度、倾斜度公差值

主参数 L、d（D）/mm	公差等级											
	1	2	3	4	5	6	7	8	9	10	11	12
≤10	0.4	0.8	1.5	3	5	8	12	20	30	50	80	120
>10~16	0.5	1	2	4	6	10	15	25	40	60	100	150
>16~25	0.6	1.2	2.5	5	8	12	20	30	50	80	120	200
>25~40	0.8	1.5	3	6	10	15	25	40	60	100	150	250
>40~63	1	2	4	8	12	20	30	50	80	120	200	300
>63~100	1.2	2.5	5	10	15	25	40	60	100	150	250	400
>100~160	1.5	3	6	12	20	30	50	80	120	200	300	500
>160~250	2	4	8	15	25	40	60	100	150	250	400	600
>250~400	2.5	5	10	20	30	50	80	120	200	300	500	800
>400~630	3	6	12	25	40	60	100	150	250	400	600	1 000

注：① 主参数 L 为给定平行度时轴线或平面的长度，或给定垂直度、倾斜度时被测要素的长度；
② 主参数 d(D)为给定面对线垂直度时，被测要素的轴（孔）直径。

平行度、垂直度、倾斜度主参数 L、d（D）图例如图 3-38 所示。

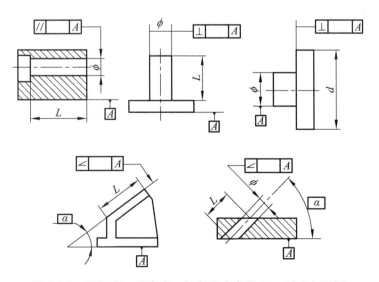

图 3-38 平行度、垂直度、倾斜度主参数 L、d（D）图例

表 3-17　同轴度、对称度、圆跳动和全跳动公差值

主参数 d（D）、B、L/mm	公差等级											
	1	2	3	4	5	6	7	8	9	10	11	12
≤1	0.4	0.6	1.0	1.5	2.5	4	6	10	15	25	40	60
>1~3	0.4	0.6	1.0	1.5	2.5	4	6	10	20	40	60	120
>3~6	0.5	0.8	1.2	2	3	5	8	12	25	50	80	150
>6~10	0.6	1	1.5	2.5	4	6	10	15	30	60	100	200
>10~18	0.8	1.2	2	3	5	8	12	20	40	80	120	250
>18~30	1	1.5	2.5	4	6	10	15	25	50	100	150	300
>30~50	1.2	2	3	5	8	12	20	30	60	120	200	400
>50~120	1.5	2.5	4	6	10	15	25	40	80	150	250	500
>120~250	2	3	5	8	12	20	30	50	100	200	300	600
>250~500	2.5	4	6	10	15	25	40	60	120	250	400	800

注：① 主参数 $d(D)$ 为给定同轴度时轴直径，或给定圆跳动、全跳动时轴（孔）直径；
　　② 圆锥体斜向圆跳动公差的主参数为平均直径；
　　③ 主参数 B 为给定对称度时槽的宽度；
　　④ 主参数 L 为给定两孔对称度时的孔心距。

同轴度、对称度、圆跳动和全跳动公差主参数 B、L、d（D）图例如图 3-39 所示。

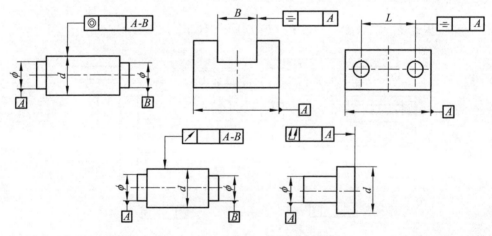

图 3-39　同轴度、对称度、圆跳动和全跳动公差主参数 B、L、d（D）图例

位置度公差值应通过计算得到。

螺栓连接时，被连接件上的孔为通孔，其孔径大于螺栓的直径，位置度公差的计算公式为

$$t = X_{\min}$$

式中 t——位置度公差；

$X_{\min}$——通孔与螺栓之间的最小间隙。

螺钉连接时，被连接件中有一个螺纹孔，其他均为通孔，且孔径大于螺钉直径，位置度公差的计算公式为

$$t = 0.5X_{\min}$$

按计算公式得到的数值，通过圆整后，在数量级上可参考表 3-18 确定所需要的位置度公差值。

表 3-18 位置度公差值

1	1.2	1.5	2	2.5	3	4	5	6	8
1×10^n	1.2×10^n	1.5×10^n	2×10^n	2.5×10^n	3×10^n	4×10^n	5×10^n	6×10^n	8×10^n

注：n 为正整数。

3. 几何公差的未注公差值的规定

在图样上没有标注几何公差值的要素，其几何精度要求由未注几何公差来控制。

（1）采用未注公差值的优点。

在图样中采用未注公差值可以使图样易读，且清楚地指出哪些要素可以用一般加工方法加工，既保证工程质量又不需逐一检测；节省设计时间，无须详细计算公差值，只需了解某个要素的功能是否允许大于或等于未注公差值；保证零件特殊的精度要求，有利于安排生产、质量控制和检测。

（2）几何公差的未注公差值。

GB/T 1184—1996《形状和位置公差 未注公差值》对直线度、平面度、垂直度、对称度和圆跳动的未注公差值做了规定，其他项目如线轮廓度、面轮廓度、倾斜度、位置度和全跳动均应由各要素的注出或未注几何公差、线性尺寸公差或角度公差控制。

① 直线度和平面度。

直线度和平面度的未注公差值如表 3-19 所示，直线度按其相应线的长度选用，平面度按其表面的较长一侧或圆表面的直径来选用。

表 3-19 直线度、平面度的未注公差值　　　　　　　　　　　　mm

公差等级	基本长度范围					
	~ 10	>10 ~ 30	>30 ~ 100	~ 100 ~ 300	>300 ~ 1 000	>1 000 ~ 3 000
H	0.02	0.05	0.1	0.2	0.3	0.4
K	0.05	0.1	0.2	0.4	0.6	0.8
L	0.1	0.2	0.4	0.8	1.2	1.6

② 圆度。

圆度的未注公差值等于标注的公差值，但是不能大于径向圆跳动的公差值。

③ 圆柱度。

圆柱度的未注公差值不做规定。圆柱度误差由三部分组成：圆度、直线度和相对素线的平行度误差，而其中每一项误差均由它们的注出公差或未注公差控制。如因功能要求，圆柱度应小于圆度、直线度和平行度的未注公差的综合结果，应在被测要素上按 GB/T 1182—2008 的规定注出圆柱度公差值，并采用包容要求。

④ 平行度。

平行度的未注公差值等于给出的尺寸公差值，或是直线度和平面度未注公差值中较大者。应采取两要素中的较长者作为基准。若两要素的长度相等，则可任选一要素为基准。

⑤ 垂直度。

垂直度的未注公差值如表 3-20 所示。取形成直角的两边中较长的一边作为基准，较短的一边作为被测要素。若两边的长度相等，则可取其中的任意一边作为基准。

表 3-20　垂直度的未注公差值　　　　　　　　　　mm

公差等级	基本长度范围			
	≤100	>100～300	>300～1 000	>1 000～3 000
H	0.2	0.3	0.4	0.5
K	0.4	0.6	0.8	1
L	0.6	1	1.5	2

⑥ 对称度。

对称度的未注公差值如表 3-21 所示。应取两要素中较长者作为基准，较短者作为被测要素。若两要素长度相等，则可任选一要素为基准。

注意：对称度的未注公差值用于至少两个要素中的一个是中心平面，或两个要素的轴线相互垂直。

表 3-21　对称度的未注公差值　　　　　　　　　　mm

公差等级	基本长度范围			
	～100	>100～300	>300～1 000	>1 000～3 000
H	0.5			
K	0.6		0.8	1
L	0.6	1	1.5	2

⑦ 同轴度。

同轴度的未注公差值未作规定。在极限状况下，同轴度的未注公差值可以和表 3-22 中规定的径向圆跳动的未注公差值相等。应选两要素中较长者为基准。若两要素长度相等，则可选任一要素为基准。

⑧ 圆跳动。

圆跳动（径向、轴向和斜向）的未注公差值如表 3-22 所示。对于圆跳动的未注公差值，应以设计或工艺给出的支承面作为基准，否则应取两要素中较长的一个作为基准。若两要素的长度相等，则可选任一要素为基准。

表 3-22　圆跳动的未注公差值　　　　　　　　　　　mm

公差等级	圆跳动公差值
H	0.1
K	0.2
L	0.5

（3）未注公差值的图样表示法。

若采用 GB/T 1184—1996 规定的未注公差值，应在标题栏附近或在技术要求、技术文件（如企业标准）中注出标准号及公差等级代号："GB/T 1184-X"。圆度未注公差如图 3-40 所示。

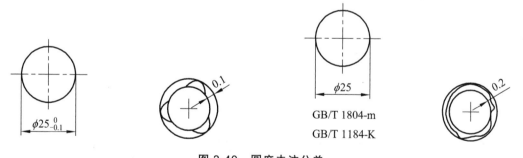

图 3-40　圆度未注公差

3.8.3　公差原则的选择

选择公差原则时，应根据被测要素的功能要求，充分发挥公差值的职能和采用该种公差原则的可行性、经济性。公差原则的应用场合如表 3-23 所示。

表 3-23　公差原则的应用场合

公差原则	应用场合	示　例
独立原则	尺寸精度与几何精度需要分别满足要求	齿轮箱体孔的尺寸精度与两孔轴线的平行度；连杆活塞销孔的尺寸精度与圆柱度；滚动轴承内、外圈滚道的尺寸精度与几何精度
	尺寸精度与几何精度要求相差较大	滚筒类零件尺寸精度要求很低，几何精度要求较高；平板的尺寸精度要求不高，但几何精度要求很高；通油孔的尺寸有一定的精度要求，几何精度无要求
	尺寸精度与几何精度无关系	滚子链条的套筒或滚子内外圆柱面的轴线同轴度与尺寸精度；发动机连杆上的尺寸精度与孔轴线的位置精度
	保证运动精度	导轨的几何精度要求严格,尺寸精度一般
	保证密封性	气缸的几何精度要求严格,尺寸精度一般
	未注公差	凡未注尺寸公差与未注几何公差都采用独立原则，如退刀槽、倒角、圆角等非功能要素
包容要求	保证国标规定的配合性质	$\phi30H7$ 孔与 $\phi30h6$ 轴的配合，可以保证配合的最小间隙等于零
	尺寸精度与几何精度间无严格比例关系要求	一般的孔与轴配合，只要求提取组成要素不超越最大实体尺寸，提取局部尺寸不超越最小实体尺寸
最大实体要求	保证提取组成要素不超越最大实体尺寸	关联要素的孔与轴有配合性质要求,在公差框格的第二格标注
	保证可装配性	轴承盖上用于穿过螺钉的通孔;法兰盘上用于穿过螺栓的通孔
最小实体要求	保证零件强度和最小壁厚	一组孔轴线的任意方向位置度公差,采用最小实体要求可保证孔与孔间的最小壁厚
可逆要求	与最大（最小）实体要求连用	能充分利用公差带，扩大尺寸要素的尺寸公差，在不影响使用性能要求的前提下可以选用

3.8.4　基准的选用

基准要素的选择包括基准部位的选择、基准数量的确定、基准顺序的合理安排等。

1. 基准部位的选择

基准部位的选择主要根据设计和使用要求、零件的结构特点，并综合考虑基准的统一等原则。在满足功能要求的前提下，一般选用加工或装配中精度较高的表面作为基准，力求使设计和工艺基准重合，消除基准不统一产生的误差，同时简化夹具、量具的设计与制造，而且基准要素应具有足够的刚度和尺寸，确保定位稳定可靠。

2. 基准数量的确定

一般根据公差项目的定向、定位几何功能要求来确定基准的数量。定向公差大多只需要一个基准，而定位公差则需要一个或多个基准。

3. 基准顺序的安排

如果选择两个或两个以上的基准要素，就必须确定基准要素的顺序，并按顺序填入公差框格中。基准顺序的安排主要考虑零件的结构特点以及装配和使用要求。

3.8.5 基准的选择

图样上标注位置公差时，有一个正确选择基准的方法。在选择时，主要应根据设计要求，并兼顾基准统一原则和结构特征，一般可从下列几方面来考虑：

（1）设计时，应根据实际要素的功能要求及要素间的几何关系来选择基准。例如，对于旋转轴，通常以与轴承配合的轴颈表面作为基准或以轴心线作为基准。

（2）从装配关系考虑，应选择零件相互配合、相互接触的表面作为各自的基准，以保证零件的正确装配。

（3）从加工、测量角度考虑，应选择在工夹量具中定位的相应表面作为基准并考虑这些表面作基准时要便于设计工具、夹具和量具，还应尽量使测量基准与设计基准统一。

（4）当被测要素的方向需采用多基准定位时，可选用组合基准或三基面体系，还应从被测要素的使用要求考虑基准要素的顺序。

4 表面粗糙度

4.1 表面粗糙度概述

4.1.1 表面轮廓特征的划分

机加工零件的实际表面形貌如图 4-1 所示，由表面粗糙度、表面波纹度和形状误差叠加而成，是物体与周围介质分离的表面。实际表面轮廓的相邻两波峰或两波谷之间的距离称为波距。波距在 1 mm 以下的轮廓属于表面粗糙度（微观几何形状误差）；波距在 1～10 mm 的轮廓属于波纹度轮廓；波距大于 10 mm 的轮廓属于形状轮廓。

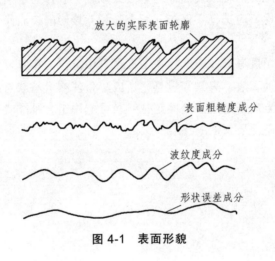

图 4-1　表面形貌

4.1.2 表面粗糙度对零件性能的影响

表面粗糙度是指加工表面所具有的较小间距和微小峰谷不平度。表面粗糙度值越小，则表面越光滑。表面粗糙度值的大小，对机械零件的使用性能有很大的影响。

（1）表面粗糙度影响零件的耐磨性。

零件工作表面越粗糙，配合表面间的有效接触面积越小，压强越大，磨损就越快。此外，工作表面之间的摩擦会增加能量损耗，表面越粗糙，摩擦系数越大，因摩擦所消耗的能量也越大。

（2）表面粗糙度影响配合性质的稳定性。

对于间隙配合来说，表面越粗糙，就越易磨损，使工作过程中间隙逐渐增大；对于过盈配合来说，由于装配时将微观凸峰挤平，减小了实际有效过盈，降低了连接强度。

（3）表面粗糙度影响零件的疲劳强度。

粗糙的零件表面存在较大的波谷，它们像尖角缺口和裂纹一样，对应力集中很敏感，从而影响零件的疲劳强度。

（4）表面粗糙度影响零件的抗腐蚀性。

粗糙的表面易使腐蚀性气体或液体通过表面的微观凹谷渗入金属内层，造成表面锈蚀。

（5）表面粗糙度影响零件的密封性。

粗糙的表面之间无法严密地贴合，气体或液体可通过接触面间的缝隙渗漏。

（6）零件的测量精度。

零件被测表面和测量工具测量面的表面粗糙度都会直接影响测量的精度，尤其是精密测量。

此外，表面粗糙度对零件的外观、零件表面的镀涂层、导热性、流体流动的阻力等都有不同程度的影响。

为了保证零件的互换性、提高产品质量以及正确地标注、测量和评定表面粗糙度，参照国际标准（ISO），我国制定了 GB/T 3505—2009《产品几何技术规范（GPS）表面结构轮廓法、术语、定义及表面结构参数》、GB/T 10610—2009《产品几何技术规范（GPS）表面结构轮廓法评定表面结构的规则和方法》、GB/T 1031—2009《产品几何技术规范（GPS）表面结构轮廓法表面粗糙度参数及其数值》和 GB/T 131—2006《产品几何技术规范（GPS）技术产品文件中表面结构的表示法》等国家标准。

4.2　表面粗糙度的评定参数

4.2.1　评定基准

为了客观地评定表面粗糙度轮廓，需要在表面轮廓线上确定一段长度范围和方向作为评定基准，包括取样长度、评定长度和中线等。

1. 表面轮廓

表面轮廓是指一个指定平面与实际表面相交所得到的轮廓，如图 4-2 所示。通常采用一个名义上与实际表面平行，并在一个适当方向上的法线来选择一个平面。

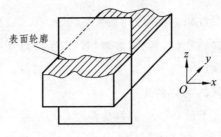

图 4-2　表面轮廓

2. 取样长度

取样长度（l_r）是指评定表面粗糙度时所规定的一段基准线长度。规定和选择这段长度是为限制和削弱表面波纹度、排除形状误差对表面粗糙度测量结果的影响。l_r 过长，表面粗糙度的测量值中可能包含有表面波纹度的成分；l_r 过短，则不能客观地反映表面粗糙度的实际情况，使测得结果有很大随机性。因此，取样长度应与表面粗糙度的大小相适应。在所选取的取样长度内，一般应包含 5 个以上的轮廓峰和轮廓谷。对于微观不平度间距较大的加工表面，应选取较大的取样长度。

3. 评定长度

由于加工表面有着不同程度的不均匀性，为了充分合理地反映某一表面的粗糙度特性，规定在评定时所必需的一段表面长度，它包括一个或几个取样长度，称为评定长度（l_n）。在评定长度内，根据取样长度进行测量，此时可得到一个或几个测量值，取其平均值作为表面粗糙度数值的可靠值。国家标准 GB/T 1031—2009《产品几何技术规范（GPS）表面结构轮廓法 表面粗糙度参数及其数值》规定评定长度一般按 5 个取样长度来确定。

4. 中　线

中线（m）是具有几何轮廓形状并划分轮廓的基准线，是计算各类表面轮廓参数大小的基础。中线可分为轮廓最小二乘中线和轮廓算术平均中线。

（1）轮廓最小二乘中线。

轮廓最小二乘中线是指在取样长度内，使轮廓上各点至一条假想线的距离的平方和为最小，如图 4-3（a）所示。

根据实际轮廓用最小二乘法来计算，表达式为

$$\sum_{i=1}^{n} Z_i^2 = \min$$

这条假想线就是最小二乘中线。

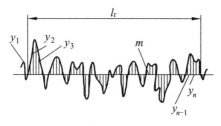 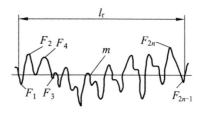

（a）最小二乘中线 　　　　　　（b）轮廓算数平均中线

图 4-3　中线

（2）轮廓算术平均中线。

轮廓算术平均中线是指在取样长度内，由一条假想线将实际轮廓分成上下两部分，且使上部面积之和等于下部分面积之和，如图 4-3（b）所示，即

$$F_1 + F_3 + \cdots + F_{2n-1} = F_2 + F_4 + \cdots + F_{2n}$$

这条假想的线即为轮廓算术平均中线。

在轮廓图形上确定最小二乘中线的位置比较困难，因此通常用目测估计法来确定轮廓算术平均中线，并以此作为评定表面粗糙度数值的基准线。

4.2.2　表面粗糙度轮廓的评定参数

国家标准规定采用中线制来评定表面粗糙度，由于表面粗糙度上的微小峰谷的幅度、间距和形状是构成表面粗糙度的基本特征，在定量评定时，采用幅度参数、间距参数、混合参数及曲线和相关参数。

表面粗糙度轮廓的评定参数是用来定量描述零件表面微观几何形状特征的，表面粗糙度的评定参数应从两个主要评定参数中选取。

1. 幅度参数

表面粗糙度轮廓的基本参数为幅度参数，又称高度参数，包括轮廓的算术平均偏差 Ra 和轮廓的最大高度 Rz。

（1）轮廓的算术平均偏差 Ra。

轮廓的算术平均偏差如图 4-4 所示，在一个取样长度 l_r 范围内，被测轮廓线上各点至中线的距离的算术平均值称为轮廓的算术平均偏差 Ra，即

$$Ra = \frac{1}{l_r} \int_0^{l_r} |z(x)| \, \mathrm{d}x$$

或近似为

$$Ra = \frac{1}{n} \sum_{i=1}^{n} |z_i|$$

式中　n——在取样长度内所测点的数目。

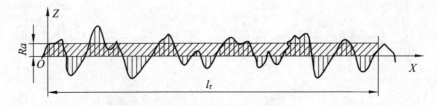

图 4-4　轮廓算数平均偏差

测得值 Ra 越大，则表面越粗糙。Ra 能客观地反映表面微观几何形状的特性，但因受到计量器具功能的限制，不用作过于粗糙或太过光滑的表面测定参数。

（2）轮廓最大高度 Rz。

轮廓最大高度如图 4-5 所示，在一个取样长度 l_r 范围内，被评定轮廓上各个高极点至中线的距离叫作轮廓峰高，用符号 Zp_i 表示，其中最大的距离叫作最大轮廓峰高 Rp（图中 $Rp = Zp_6$）；被评定轮廓上各个低极点至中线的距离叫作轮廓谷深，用符号 Zv_i 表示，其中最大的距离叫作最大轮廓谷深 Rv（图中 $Rv = Zv_2$）。

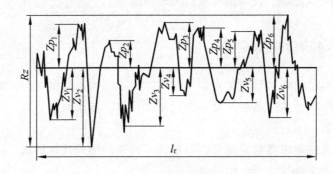

图 4-5　轮廓最大高度

轮廓最大高度是指在一个取样长度 l_r 范围内，被评定轮廓的最大轮廓峰高 Rp 与最大轮廓谷深 Rv 之和的高度，用符号 Rz 表示，即

$$Rz = Rp + Rv$$

Rz 常与 Ra 联用用于控制微观不平度的谷深，从而达到控制表面微观裂缝的目的，当被测表面长度不足一个取样长度，不适宜采用 Ra 时，也可以采用 Rz。

2. 间距参数

轮廓单元的平均宽度如图 4-6 所示，一个轮廓峰与相邻的轮廓谷的组合叫作轮廓单元，在一个取样长度 l_r 范围内，中线与各个轮廓单元相交线段的长度叫作轮廓单元宽度，用符号 Xs_i 表示。

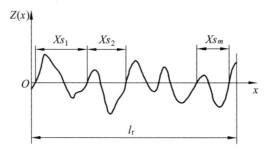

图 4-6 轮廓单元的平均宽度

轮廓单元的平均宽度是指在一个取样长度 l_r 范围内所有轮廓单元宽度 Xs_i 的平均值，用符号 Rsm 表示，即

$$Rsm = \frac{1}{m}\sum_{i=1}^{m} Xs_i$$

间距参数反映被测表面加工痕迹的细密程度，表征了轮廓与中线的交叉密度，对评价承载能力、耐磨性和密封性具有指导意义。

3. 混合参数

轮廓支承长度率如图 4-7 所示，在给定水平截面高度 c 上，轮廓的实体材料长度 $Ml(c)$ 与评定长度 l_n 的比率，用符号 $Rmr(c)$ 表示，如图 4-7 所示。评定时应给出相对应的水平截距 c。

$$Rmr(c) = \frac{Ml(c)}{l_n}$$

在水平位置 c 上轮廓实体材料长度 $Ml(c)$ 是指在给定水平位置 c 上，用一条平行于 X 轴的线与轮廓单元相截所获得的各段截线长度之和，如图 4-7 所示。

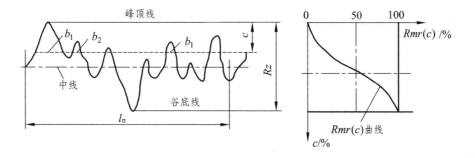

图 4-7 轮廓支承长度率

轮廓水平位置 c 可用微米或用其他占轮廓最大高度 Rz 的百分比表示。轮廓水平位置 c 不同，则支撑长度率也不同，因此 $Rmr(c)$ 的值是对应与不同水平位置 c 而言的，其关系曲

线称为支撑长度率曲线，该曲线是评定轮廓曲线的相关参数，当 c 一定时，$Rmr（c）$ 值越大，则支承能力和耐磨性越好。

4.3　表面粗糙度轮廓参数的选用

4.3.1　评定参数的选用

在表面粗糙度的 4 个评定参数中，Ra、Rz 两个高度参数为基本参数，Rsm、$Rmr（c）$ 为两个附加参数。这些参数分别从不同角度反映了零件的表面形貌特征，但都存在着不同程度的不完整性。因此，在具体选用时要根据零件的功能要求、材料性能、结构特点以及测量的条件等情况适当用一个或几个作为评定参数。

（1）如果表面没有特殊要求，则一般仅选用幅度（高度）参数。在高度特性参数常用的参数值范围内（$Ra = 0.025 \sim 6.3 \mu m$、$Rz = 0.1 \sim 25 \mu m$），推荐优先选用 Ra 值，因为 Ra 较充分地反映零件表面轮廓的特征。但以下情况不宜选用 Ra。

① 当表面过于粗糙（$Ra > 6.3 \mu m$）或太光滑（$Ra < 0.025 \mu m$）时，可选用 Rz，因为此范围便于选择用于测量 Rz 的仪器进行测量。

② 当零件材料较软时，不能选用 Ra，因为 Ra 值一般采用触针测量，如果用于较软材料的测量，不仅会划伤零件表面，而且测得结果也不准确。

③ 如果测量面积很小，如顶尖、刀具的刃部以及仪表小元件的表面，在取样长度内，轮廓的峰或谷少于 5 个时，这时可以选用 Rz 值。

（2）当表面有特殊功能要求时，为了保证功能要求，提高产品质量，这时可以同时选用几个参数综合控制表面质量。

① 当表面要求耐磨时，可以选用 Ra、Rz 和 $Rmr（c）$。

② 当表面要求承受交变应力时，可以选用 Rz 和 Rsm。

③ 当表面着重要求外观质量和可漆性时，可选用 Rsm。

4.3.2　评定参数的数值规定

国家标准 GB/T 1031—2009《产品几何技术规范（GPS）表面结构轮廓法表面粗糙度参数及其数值》规定了幅度参数为基本参数，间距参数和混合参数为附加参数。轮廓的算术平均偏差 Ra 的数值规定如表 4-1 所示，轮廓最大高度的数值规定如表 4-2 所示，轮廓单元的平均宽度的数值规定如表 4-3 所示，轮廓支承长度率的数值规定如表 4-4 所示。

表 4-1 轮廓的算术平均偏差 *Ra* 的数值 μm

Ra	0.012	0.20	3.2	50
	0.025	0.40	6.3	
	0.050	0.80	12.5	
	0.100	1.60	25	

表 4-2 轮廓最大高度 *Rz* 的数值规定 μm

Rz	0.025	0.40	6.3	100	1 600
	0.050	0.80	12.5	200	
	0.100	1.60	25	400	
	0.20	3.2	50	800	

表 4-3 轮廓单元的平均宽度的数值 μm

Rsm	0.006	0.1	1.6
	0.012 5	0.2	3.2
	0.025	0.4	6.3
	0.05	0.8	12.5

表 4-4 轮廓支承长度率的数值 μm

Rmr（*c*）	10	15	20	25	30	40	50	60	70	80	90

4.3.3 评定参数的数值选用

表面粗糙度参数值选择得合理与否，不仅对产品的使用性能有很大的影响，而且直接关系到产品的质量和制造成本。一般来说，表面粗糙度值（评定参数值）越小，零件的工作性能越好，使用寿命也越长。但绝不能认为表面粗糙度值越小越好，为了获得表面粗糙度值较小的表面，则零件需经过复杂的工艺过程，这样加工成本有可能随之急剧增高。因此，选择表面粗糙度参数值既要考虑零件的功能要求，又要考虑其制造成本，在满足功能要求的前提下，应尽可能选用较大的表面粗糙度值。

1. 一般选择原则

（1）同一零件上，工件表面的表面粗糙度参数值小于非工作表面的表面粗糙度参数值。

（2）摩擦表面比非摩擦表面的表面粗糙度参数值要小；滚动摩擦表面比滑动摩擦表面的表面粗糙度参数值要小；运动速度高，单位压力大的摩擦表面，应比运动速度低，单位压力小的摩擦表面的表面粗糙度参数值要小。

（3）受循环载荷的表面及易引起应力集中的部分（如圆角、沟槽），表面粗糙度参数值要小。

（4）配合性质要求高的结合表面、配合间隙小的配合表面以及要求连接可靠、受重载的过盈配合表面等，都应取较小的表面粗糙度参数值。

（5）配合性质相同，零件尺寸越小，则表面粗糙度参数值应越小；同一精度等级，小尺寸比大尺寸、轴比孔的表面粗糙度参数值要小。

2. 参数值的选用方法

在选择参数值时，通常可参照一些经过验证的实例，用类比法来确定。

一般尺寸公差、表面形状公差小时，表面粗糙度参数值也小。然而，在实际生产中也有这样的情况，尺寸公差、表面形状公差要求很大，但表面粗糙度值却要求很小，如机床的手轮或手柄的表面，所以，它们之间并不存在确定的函数关系。

一般情况下，它们之间有一定的对应关系。设表面形状公差值为 T，尺寸公差值为 IT，它们之间的对应关系如表 4-5 所示。

表 4-5　尺寸公差、几何公差与幅度参数的对应关系

尺寸公差等级	几何公差 T	Ra，Rz
IT5～IT7	$T \approx 0.6\text{IT}$	$Ra \leqslant 0.05\text{IT}$，$Rz \leqslant 0.2\text{IT}$
IT8～IT9	$T \approx 0.4\text{IT}$	$Ra \leqslant 0.025\text{IT}$，$Rz \leqslant 0.1\text{IT}$
IT10～IT12	$T \approx 0.25\text{IT}$	$Ra \leqslant 0.12\text{IT}$，$Rz \leqslant 0.05T$
>IT12	$T < 0.25\text{IT}$	$Ra \leqslant 0.15T$，$Rz \leqslant 0.6T$

表面粗糙度轮廓参数的数值如表 4-6 所示。

表 4-6　表面粗糙度轮廓参数的数值

轮廓的算术平均偏差 Ra/μm			轮廓的最大高度 Ra/μm			轮廓单元的平均宽度 Rsm/mm		轮廓的支承长度率 $Rms(c)$/%	
0.012	0.8	50	0.025	1.6	100	0.006	0.4	10	50
0.025	1.6	100	0.05	3.2	200	0.012 5	0.8	15	60
0.05	3.2		0.1	6.3	400	0.025	1.6	20	70
0.1	6.3		0.2	12.5	800	0.05	3.2	25	80
0.2	12.5		0.4	25	1 600	0.1	6.3	30	90
0.4	25		0.8	50		0.2	12.5	40	

孔和轴的表面粗糙度推荐数值如表 4-7 所示。

表 4-7 孔和轴的表面粗糙度推荐数值

表面特征			$Ra/\mu m$ 不大于		
轻度装卸零件的配合表面（如挂轮、滚刀等）	公差等级	表面	基本尺寸/mm		
			到 50	大于 50 到 500	
	5	轴	0.2	0.4	
		孔	0.4	0.8	
	6	轴	0.4	0.8	
		孔	0.4~0.8	0.8~1.6	
	7	轴	0.4~0.8	0.8~1.6	
		孔	0.8	1.6	
	8	轴	0.8	1.6	
		孔	0.8~1.6	1.6~3.2	
过盈配合的配合表面 ① 装配按机械压入法 ② 装配按热处理法	公差等级	表面	基本尺寸/mm		
			到 50	大于 50 到 120	大于 120 到 500
	5	轴	0.1~0.2	0.4	0.4
		孔	0.2~0.4	0.8	0.8
	6~7	轴	0.4	0.8	1.6
		孔	0.8	1.6	1.6
	8	轴	0.8	0.8~1.6	1.6~3.2
		孔	1.6	1.6~3.2	
	—	轴	1.6		
		孔	3.2		
精密定心用配合的零件表面	表面		径向跳动公差/μm						
			2.5	4	6	10	16	25
			$Ra/\mu m$ 不大于					
	轴		0.05	0.1	0.1	0.2	0.4	0.8
	孔		0.1	0.2	0.2	0.4	0.8	1.6
滑动轴承的配合表面	表面		公差等级		液体湿摩擦条件
			6~9	10~12	
			$Ra/\mu m$ 不大于		
	轴		0.4~0.8	0.8~3.2	0.1~0.4
	孔		0.8~1.6	1.6~3.2	0.2~0.8

加工方法对应的表面粗糙度如表 4-8 所示。

表 4-8　加工方法对应的表面粗糙度

加工方法		表面精糙度 $Ra/\mu m$													
		0.012	0.025	0.05	0.10	0.20	0.40	0.80	1.60	3.20	6.30	12.5	25	50	100
砂模铸造											■	■	■	■	■
压力铸造							■	■	■	■	■	■		■	■
模锻								■	■	■	■	■			
挤压							■	■	■	■	■				
刨削	粗									■	■	■			
	半精							■	■	■	■				
	精						■	■	■	■					
插削								■	■	■	■	■			
钻孔								■	■	■	■	■			
金刚镗孔					■	■	■	■							
镗孔	粗									■	■	■	■		
	半精							■	■	■	■	■			
	精						■	■	■	■					
端面孔	粗								■	■	■	■			
	半精							■	■	■	■				
	精					■	■	■	■						
车外圆	粗									■	■	■	■		
	半精							■	■	■	■				
	精					■	■	■	■	■					

4.4　表面结构的表示方法

GB/T 131—2006《产品几何技术规范（GPS）技术产品文件中表面结构的表示法》中对表面结构的标注进行了相关规定。

4.4.1 表面结构的图形符号

表面结构的图形符号包括基本图形符号、扩展图形符号和完整图形符号。基本图形符号如图 4-8 所示，由两条不等长的相交直线构成，两条直线的夹角为 60°，表示可以用任何工艺方法获得的表面。基本符号仅用于简化标注，不能用于单独使用。扩展图形符号如图 4-9 所示，图 4-9（a）所示表示可用去除材料的方法获得的表面，如车、铣、刨、磨等；图 4-9（b）所示表示用不去除材料的方法获得的表面，如铸、锻、冲压、热轧等。

（a）去除材料方法　　（b）不去除材料方法

图 4-8　基本图形符号　　　　　　**图 4-9　扩展图形符号**

表面结构的完整图形符号如图 4-10（a）所示，用于标注表面结构参数和各项附加要求，分别表示不限定工艺、去除材料工艺和不允许去除材料工艺获得。

工件轮廓表面图形符号如图 4-10（b）所示，在完整图形符号的长边与横线拐角处加画一个圆圈，表示零件视图中除前后两表面以外周边封闭轮廓有共同的表面结构参数要求，分别表示不限定工艺、去除材料工艺和不允许去除材料工艺获得。

（a）完整图形符号　　　　　（b）轮廓表面的图形符号

图 4-10　表面图形符号

4.4.2 表面结构参数在图形符号中的标注

1. 标注的位置

为了明确表面结构的技术要求，除了标注表面结构参数和数值外，必要时应标注补充要求，包括传输带、取样长度、加工工艺、表面纹理及方向、加工余量等。这些要求应注写在如图 4-11 所示的位置。

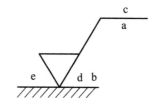

图 4-11　表面结构参数的标注位置

（1）位置 a。

位置 a 标注幅度参数符号、极限值和传输带（或取样长度）。传输带或取样长度后应有斜线"／"，之后是幅度参数符号，最后是数值。为了避免误解，在参数符号和极限值间应有空格，如 0.025-0.8/Rz 6.3（传输带标注），-0.8/Rz 6.3（取样长度标注）。

（2）位置 a 和 b。

这两个地方注写两个或多个表面结构技术要求，在位置 a、b 分别注写第一、第二表面结构技术要求。如果注写多个表面结构技术要求，a、b 的位置随之上移。

（3）位置 c。

位置 c 标注所要求的加工方法、表面处理或其他加工工艺要求，如车、磨、镀等。

（4）位置 d。

位置 d 标注所要求的表面纹理和方向。如"＝"表示纹理平行于视图所在的投影面；"×"表示纹理垂直于视图所在的投影面；"M"表示纹理呈两斜向交叉且与视图所在的投影面相交。

（5）位置 e。

位置 e 标注所要求的加工余量（单位为 mm）。

2. 极限值的标注

GB/T 131—2006 规定，在表面结构完整图形符号上标注幅度参数值时，可分为两种情况。

（1）标注极限值中一个数值，且默认为上限制。

在完整图形符号中，幅度参数的符号及极限值应一起标注。当只单向标注一个数值时，则默认为幅度参数的上限制。图 4-12（a）表示去除材料，单向上限制，默认传输带，算数平均偏差 3.2，评定长度默认为 5 个取样长度，默认 16%规则；图 4-12（b）表示不去除材料，单向上限制，默认传输带，算数平均偏差 3.2，评定长度默认为 5 个取样长度，默认 16%规则。

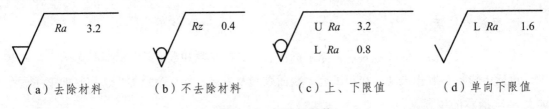

（a）去除材料　　（b）不去除材料　　（c）上、下限值　　（d）单向下限值

图 4-12　标注极限值

（2）同时标注上下极限值。

需要在完整图形符号上同时标注幅度参数上下极限值时，可分成两行标注幅度参数符号和上下极限值。上限值在上方，用 U 表示，下限值在下方，用 L 表示。图 4-12（c）表示不允许去除材料，双向极限值，两极限值均使用默认传送带，上极限值为算数平均偏差 3.2 μm，评定长度取 5 个取样长度（默认）；下极限值为算数平均偏差 0.8 μm，评定长度取 5 个取样

长度（默认），"16%规则"（默认）；图 4-12（d）表示任意加工方法，单向下限值，默认传送带，算数平均偏差 1.6 μm，评定长度取 5 个取样长度（默认），"16%规则"（默认）。如果同一参数具有双向极限要求，可以不加 U、L。

3. 极限值判断规则的标注

根据 GB/T 10610—2009 的规定，根据表面结构参数符号上给定的极限值，对实际表面进行检测后判断其合格性时，可采用以下两种判别规则。

（1）16%规则。

16%规则是指在同一评定长度范围内，幅度参数所有的实测值中，大于上限值的个数少于总数的 16%，小于下限值的个数少于总数的 16%，则认为合格。16%规则是所有表面结构技术要求标注中的默认规则，如图 4-12 和图 4-13（b）所示。

（2）最大规则。

在幅度参数符号的后面增加标注一个 max 的标记，则表示检测时合格性的判断采用最大规则。当整个被测表面上幅度参数所有的实测值均不大于上限制，则认为合格。图 4-13（a）表示去除材料，单向上限值，默认传输带，轮廓最大高度的最大值 0.2 μm，评定长度为 5 个取样长度（默认），"最大规则"。图 4-13（b）表示不允许去除材料，双向向上限值，两极限值均使用默认传输带，上限值算数平均偏差 3.2 μm，评定长度为 5 个取样长度（默认），"最大规则"；下限值算数平均偏差 0.8 μm，评定长度为 5 个取样长度（默认），"16%规则"（默认）。

（a）最大规则   （b）最大规则和 16%规则

图 4-13　16%规则与最大规则

4. 传输带和取样长度、评定长度的标注

传输带应标注在参数代号的前面，并用斜线"／"隔开。传输带标注包括滤波截止波长（单位为 mm），其中短波滤波器在前，长波滤波器在后，并用"-"隔开；如果只注一个滤波器，应保留"-"来区分是短波滤波器还是长波滤波器。图 4-14（a）表示去除材料，单向上限值，传送带 0.008-0.8 mm，算数平均偏差 3.2 μm，评定长度为 5 个取样长度（默认），"16%规则"（默认）。图 4-14（b）表示去除材料，单向上限值，传输带根据 GB/T 6062，取样长度 0.8 mm，算数平均偏差 3.2 μm，评定长度包含 3 个取样长度（l_n = 0.8 mm × 3 = 2.4 mm），"16%规则"（默认）。

（a）最大规则   （b）最大规则和 16%规则

图 4-14　传输带和取样长度、评定长度的标注

5. 表面纹理的标注

各种典型的表面纹理及其方向可用如图 4-15 所示的代号进行标注，如果这些代号不能清楚地表示功能要求，可在零件图中加注说明。

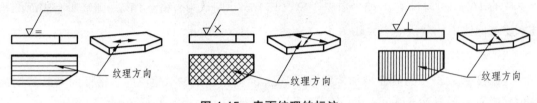

图 4-15　表面纹理的标注

6. 附加评定参数和加工方法的标注

附加评定参数和加工方法的标注如图 4-16 所示，表示去除材料，两个单向上限值：①默认传输带和评定长度，算数平均偏差为 0.8 μm，"16%规则"（默认）；②传输带为-2.5 mm，默认评定长度，轮廓的最大高度 3.2 μm，"16%规则"（默认）。表面纹理垂直于视图所在的投影面，加工方法为铣削。

7. 加工余量的标注

在零件图上标注表面结构技术要求都是针对完工表面的要求，一般不需要标注加工余量，对于多工序加工的表面，可标注加工余量。如图 4-17 所示，表示去除材料，双向极限值：上限值 $Ra = 50$ μm，下限值 $Ra = 6.3$ μm；上、下极限传输带均为 0.008-4 mm；默认的评定长度均为 $l_n = 4$ mm × 5 = 20 mm；"16%规则"（默认），加工余量为 3 mm。

图 4-16　附加评定参数和加工方法的标注   **图 4-17　加工余量的标注**

4.4.3　表面结构要求在图样中的标注方法

1. 一般规定

零件任一表面结构要求一般只标注一次，并尽可能标注在相应的尺寸及其公差的同一视图上。除非另有说明，所标注的表面结构要求是对完工零件表面的要求。表面结构的标注和读取方向与尺寸的标注和读取方向一致，如图4-18所示。表面结构符号的尖端必须从材料外指向并接触表面。

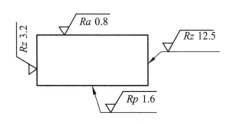

图 4-18　表面结构要求的标注方向

为了使图样简单，下述各图样中的表面结构符号上都标注了幅度参数符号及上限制，其与技术要求均采用默认的标准化值。

2. 常规标注方法

（1）表面结构要求可以标注在可见轮廓线或其延长线、尺寸界线上，如图4-19所示。可以用带箭头的指引线或用黑端点的指引线引出标注，如图4-20所示。

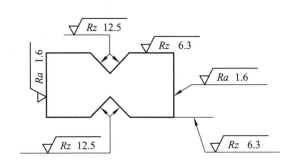

图 4-19　表面结构要求在轮廓线上的标注

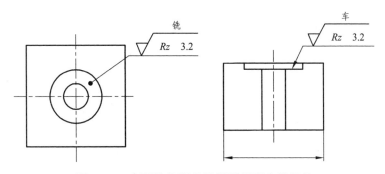

图 4-20　表面结构要求用指引线引出的标注

（2）标注在特征尺寸线上时，为了不致引起误解，表面结构要求可以标注在给定的尺寸线上，如图 4-21 所示。

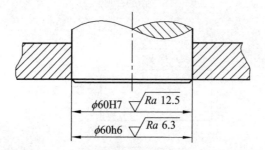

图 4-21　表面结构要求在尺寸线上的标注

（3）标注在几何公差框格上时，表面结构要求可标注在几个公差框格的上方，如图 4-22 所示。

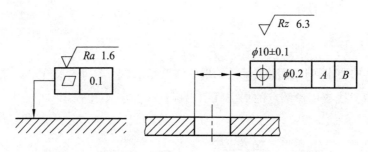

图 4-22　表面结构要求在几何公差框格的上方的标注

（4）标注在圆柱和棱柱表面上时，圆柱和棱柱表面的表面结构要求只标注一次，如图 4-23 所示。如果每个棱柱表面有不同的表面要求，则应分别单独标注，如图 4-24 所示。

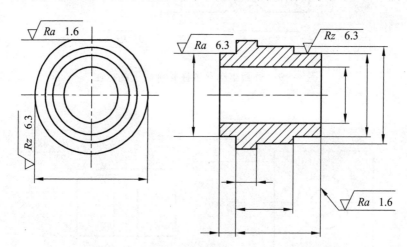

图 4-23　表面结构要求在圆柱和棱柱表面的标注

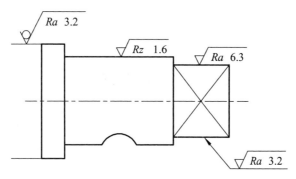

图 4-24　不同要求分别标注

3. 在图样中的简化标注方法

（1）当零件的多个（包括全部）表面具有相同的表面结构技术要求时，对这些表面的技术要求可以统一标注在零件图的标题栏附近，此时，表面结构的符号右侧画一个圆括号，在圆括号内给出无任何要求的基本符号，如图 4-25 所示。

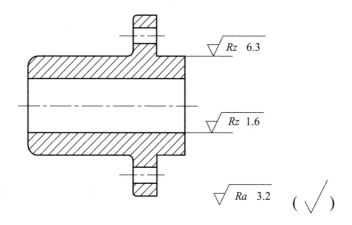

图 4-25　大多数表面有相同表面结构要求的简化标注

（2）当零件的几个表面具有相同的表面结构技术要求，但表面结构符号直接标注受到空间限制时，可用基本图形符号或只带一个字母的完成图形符号标注在零件的这些表面上，而在图形或标题栏附近以等式的形式标注相应的表面结构符号，如图 4-26 所示。

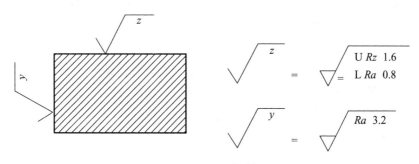

图 4-26　图纸空间有限时的简化标注

5 测量技术基础

5.1 概　述

测量几何量方面的基础知识包括测量与检验的概念、计量单位与长度基准、长度量值传递系统以及在生产实际中的标准量具（量块）的应用。

5.1.1 测量与检验的概念

完工零件的几何精度是否满足设计时所规定的要求，需要经过测量或检验。

测量是指为确定被测量的量值而进行的实验过程，即将被测的量 L 与具有计量单位的标准量 E 进行比较，从而确定两者比值的过程。被测量的量值可表示为

$$q = L/E$$

这个公式的物理意义说明，在被测量 L 一定的情况下，比值 q 的大小完全取决于所采用的计量单位的标准量 E，而且成反比关系。同时，也说明计量单位的标准量 E 的选择取决于被测量值所要求的精确程度，这样经比较而得到的被测量值为

$$L = qE$$

即测量所得量值为用计量单位表示的被测量的数值。

如某一被测长度 L，与毫米（mm）作单位的 E 进行比较，得到的比值 q 为 40.5，则被测量长度 $L = 40.5$ mm。

检验是指判断被测对象是否合格的实验过程。

任何一个完整的测量过程必须有被测对象和所采用的计量单位，同时要采用与测量对象相适应的测量方法，并使测量结果达到所要求的测量精度。因此，测量过程应包括测量对象、计量单位、测量方法和测量精度 4 个要素。

（1）测量对象。

在技术测量中，被测对象主要是指零件的尺寸、形状和位置误差以及表面粗糙度等几何参数。由于被测对象种类繁多，复杂程度各异，因此熟悉和掌握被测参数的定义以及标准，研究分析被测对象的特点尤为重要。

（2）计量单位。

我国规定的法定计量单位中长度单位为米（m）；在机械制造业中，常用的长度单位为毫米（1 mm = 10^{-3} m）；精密测量时，多采用微米（1 μm = 10^{-3} mm）；超精密测量时，多采用

纳米（1 nm = 10^{-3} μm）；角度单位为弧度（rad）、微弧度（μrad），其他常用单位还有度（°）、分（′）和秒（″）。

（3）测量方法。

测量方法是指在进行测量时所采用的测量原理、计量器具以及测量条件的总和。根据被测量对象的特点，如精度、大小、轻重、材质、数量等来确定所用的计量器具，分析研究被测参数的特点和它与其他参数的关系，确定最合适的测量方法以及测量的主客观条件。

（4）测量精度。

测量精度是指测得值与其真值的一致程度。测量过程中不可避免地存在测量误差。测量误差越小，测量精度越高；测量误差越大，测量精度越低。只有测量误差足够小，才表明测量结果是可靠的。因此，不知道其测量精度的测量结果没有意义。通常用测量的极限误差或测量的不确定度来表示测量精度。

测量是进行互换性生产的重要组成部分和前提之一，也是保证各种极限与配合标准贯彻实施的重要手段。为了进行测量并达到一定的精度，必须使用统一的标准，采用一定的测量方法和运用适当的测量器具。

5.1.2　计量单位与长度基准

1. 计量单位

为了保证计量的准确度，首先需要建立统一、可靠的计量单位。

1984 年，国务院颁布了《关于在我国统一实行法定计量单位的命令》，在采用国际单位制的基础上，规定我国计量单位一律采用《中华人民共和国法定计量单位》，其中规定"米"（m）为长度的基本单位。机械制造中常用的长度单位为毫米（mm）。

2. 长度基准

在国际单位制中，长度的基本单位是米（m），那么多长为 1 米（m）呢？显然必须严格定义并用实物来复现和保存它。定义、复现及保存长度单位并通过它传递给其他测量器具的物体就叫作长度基准。

1889 年，第一届国际计量大会决定，将通过巴黎的地球子午线的四千万分之一的长度定义为 1 m，并采用铂铱合金制成一种人为的实物基准——基准米尺（也称国际米原器）。1960 年，第十一届国际计量大会决定，采用光波波长作为长度单位的基准，并通过了关于米的定义："1 m 等于氪 86（K_r^{86}）原子在 $2P_{10}$ 与 5 d_s 能级跃迁的辐射在真空中波长的 1 650 763.73 倍"，实现了将长度单位建立在自然基准上的设想。由于稳频激光技术的发展，其所能达到的稳定性和复现性可比氪 86 基准高 100 倍以上。所以，1983 年 10 月在第十七届国际计量大会上通过米的新定义为："米是光在真空中 1/299 792 458 s 的时间间隔内所经过的路程的长度"。这是"米"在理论上的定义，使用时，需要对米的定义进行复现才能获得各自国家的长度基准。目前，我国使用的长度基准是 1985 年用碘吸收稳定的波长为 0.632 991 3981 μm 氦氖激光辐射复现的。采用光的行程作为长度基准，不仅可以保证测量单位稳定、可靠和统一，而且从本质上提高了测量精度。

5.1.3　长度量值传递系统

在工程上，一般不能直接按照米的定义用光波来测量零件的几何参数，而是采用各种计量器具。为了保证量值的准确和统一，必须建立由光波基准到被测工件尺寸（或工程技术中应用的刻线尺）的量值传递系统。

我国长度量值传递的主要标准器是量块和线纹尺，其传递系统如图 5-1 所示。

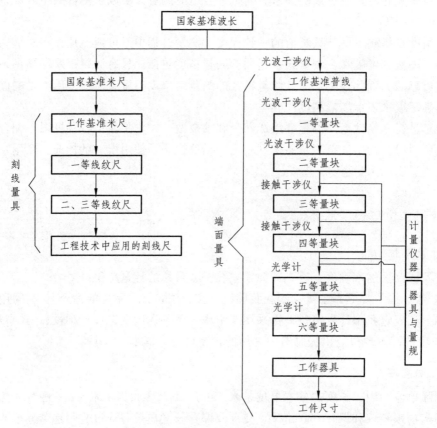

图 5-1　长度量值传递系统

5.1.4　量块及其应用

量块又称块规，是指用耐磨材料制造（多用铬锰钢制成），横截面为矩形，并具有一对相互平行测量面的实物量具。量块具有尺寸稳定、不易变形和耐磨性好等特点。量块广泛用于计量器具的校准和检出，以及精密设备的调整、精密划线和精密工件的测量等。

量块通常制成正六面体，它有两个相互平行的测量面和 4 个非测量面，如图 5-2（a）所示。其中，两个表面光洁（$Rz \leqslant 0.08\ \mu m$）且平面度误差很小的平行平面称为测量面或工作面。量块的精度极高，但是两个工作面也不是绝对平行的。因此，量块的尺寸规定为：把量块的一个工作面研合在平晶的工作平面上，另一个工作面的中心到平晶平面的垂直距离称为量块尺寸，如图 5-2（b）所示。量块上表示出的尺寸称为量块的标称尺寸。标称尺寸（即名义尺寸）小于 6 mm 的量块，有数字的一面为上测量面；大于等于 6 mm 的量块，有数字面的右侧面为上测量面。

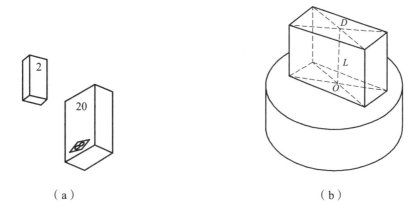

（a）   （b）

图 5-2　量块的形状与尺寸

为了满足不同生产的要求，量块按其制造精度分为 00、0、K、1、2、3 级。其中 00 级精度最高，3 级精度最低，K 级为校准级。按级使用时，各级量块的标称长度偏差（极限偏差 ± ）和长度变动量的允许值如表 5-1 所示。

表 5-1　各级量块的精度指标

标称长度范围/mm		量块制造精度										
		00 级		0 级		K 级		1 级		2 级		3 级	
		①	②	①	②	①	②	①	②	①	②	①	②
大于	至	允许值/μm											
—	10	0.06	0.05	0.12	0.10	0.20	0.05	0.20	0.16	0.45	0.30	1.0	0.50
10	25	0.07	0.05	0.14	0.10	0.30	0.05	0.30	0.16	0.60	0.30	1.2	0.50
25	50	0.10	0.06	0.20	0.10	0.40	0.06	0.40	0.18	0.80	0.30	1.6	0.55
50	75	0.12	0.06	0.25	0.12	0.50	0.06	0.50	0.18	1.00	0.35	2.0	0.55
75	100	0.14	0.07	0.30	0.12	0.60	0.07	0.60	0.20	1.20	0.35	2.5	0.60
100	150	0.20	0.08	0.40	0.14	0.80	0.08	0.80	0.20	1.60	0.40	3.0	0.65
150	200	0.25	0.09	0.50	0.16	1.00	0.09	1.00	0.25	2.00	0.40	4.0	0.70
200	250	0.30	0.10	0.60	0.16	1.20	0.10	1.20	0.25	2.40	0.45	5.0	0.75
250	300	0.35	0.10	0.70	0.18	1.40	0.10	1.40	0.25	2.80	0.50	6.0	0.80
300	400	0.45	0.12	0.90	0.20	1.80	0.12	1.80	0.30	3.60	0.50	7.0	0.90
400	500	0.50	0.14	1.10	0.25	2.20	0.14	2.00	0.35	4.40	0.60	9.0	1.00
500	600	0.60	0.16	1.30	0.25	2.60	0.16	2.60	0.40	5.00	0.70	11.0	1.10
600	700	0.70	0.18	1.50	0.30	3.00	0.18	3.00	0.45	6.00	0.70	12.0	1.20
700	800	0.80	0.20	1.70	0.30	3.40	0.20	3.40	0.50	6.50	0.80	14.0	1.30
800	900	0.90	0.20	1.90	0.35	3.80	0.20	3.80	0.50	7.50	0.90	15.0	1.40
900	1 000	1.00	0.25	2.00	0.40	4.20	0.25	4.20	0.60	8.00	1.00	17.0	1.50

注：1. ① 表示量块的标称长度偏差（极限偏差 ± ）。

　　2. ② 表示长度变动量的允许值。

　　3. 根据特殊订货要求，对 00 级、0 级和 K 量块可以供给成套量块中心长度的实测值。

　　4. 表中所列偏差为保证值。

　　5. 距测量面边缘 0.5 mm 的范围内不计。

JJG 146—2011《量块》按检定精度分 5 等，其中 1 等精度最高，5 等精度最低。量块的"等"主要依据各等量块长度测量的不确定度和量块长度变动量的允许值来划分，各等量块的精度指标如表 5-2 所示。

表 5-2　各等量块的精度指标

标称长度 l_n/mm		量块检定精度									
		1 等		2 等		3 等		4 等		5 等	
		长　度									
		①	②	①	②	①	②	①	②	①	②
大于	至	最大允许值/μm									
0.5	10	0.022	0.05	0.06	0.10	0.11	0.16	0.22	0.30	0.6	0.50
10	25	0.025	0.05	0.07	0.10	0.12	0.16	0.25	0.30	0.6	0.50
25	50	0.030	0.05	0.08	0.10	0.15	0.18	0.30	0.30	0.8	0.55
50	75	0.035	0.06	0.09	0.12	0.18	0.18	0.35	0.35	0.9	0.55
75	100	0.040	0.07	0.10	0.12	0.20	0.20	0.40	0.35	1.0	0.60
100	150	0.05	0.08	0.12	0.14	0.25	0.20	0.50	0.40	1.2	0.65
150	200	0.06	0.09	0.15	0.16	0.30	0.25	0.60	0.40	1.5	0.70
200	250	0.07	0.10	0.18	0.16	0.35	0.25	0.70	0.45	1.8	0.75

注：距离测量面边缘 0.8 mm 范围内不计。
　　① 表示测量不确定度；② 表示长度变动量。

量块按级使用时，应以量块的标称长度为工作尺寸。该尺寸包含了量块的制造误差，制造误差将被引入测量结果中，但因不需要加修正值，故使用较方便。

量块按等使用时，应以经检定所得到的量块中心长度的实际尺寸为工作尺寸，该尺寸不受制造误差的影响，只包含检定时较小的测量误差。因此，量块按"等"使用比按"级"使用时的精度高。例如，按"级"使用量块时，使用 1 级，30 mm 的量块，标称长度极限偏差为（30 ± 0.000 4）mm。按"等"使用量块时，使用 3 等量块，该量块检定尺寸为 30.000 2 mm，其中心长度的测量不确定度的极限偏差为（30.000 2 ± 0.000 15）mm。

为了能用较少的块数组合成所需要的尺寸，量块按一定的尺寸系列成套生产。根据 GB/T 6093—2001 的规定，我国生产的成套量块系列有 91 块、83 块、46 块、38 块、12 块、10 块、8 块、6 块、5 块等 17 种，成套量块的尺寸如表 5-3 所示。

由于量块测量面的平面度误差和表面粗糙度数值均很小，所以当测量面上有一层极薄的油膜时，两个量块的测量面相互接触，在不大的压力下做切向相对滑动，就能使两个量块贴附在一起。于是，就可以用不同尺寸的量块在一定尺寸范围内组合成所需要的尺寸。为了减少量块的组合误差，保证测量精度，应尽量减少量块的数目，一般不应超过 4 块，并使各量块的中心长度在同一直线上。实际组合时，应从消去所需尺寸的最小尾数开始，每选一块量块应至少减少所需尺寸的一位小数。

表 5-3　成套量块的尺寸

套　　别	总块数	级　　别	尺寸系列/mm	间隔/mm	块　　数
1	91	00, 0, 1	0.5 1 0.001, 0.002, …, 1.009 1.01, 1.02, …, 1.49 1.5, 1.6, …, 1.9 2.0, 2.5, …, 9.5 10, 20, …, 100	— — 0.001 0.01 0.1 0.5 10	1 1 9 49 5 16 10
2	83	0, 1, 2	0.5 1 1.005 1.01, 1.02, …, 1.49 1.5, 1.6, …, 1.9 2.0, 2.5, …, 9.5 10, 20, …, 100	— — — 0.01 0.1 0.5 10	1 1 1 49 5 16 10
3	46	0, 1, 2	1 1.001, 1.002, …, 1.009 1.01, 1.02, …, 1.09 1.1, 1.2, …, 1.9 2, 3, …, 9 10, 20, …, 100	— 0.001 0.01 0.1 1 10	1 9 9 9 8 10
4	38	0, 1, 2, （3）	1 1.005 1.01, 1.02, …, 1.09 1.1, 1.2, …, 1.9 2, 3, …, 9 10, 20, …, 100	— — 0.01 0.1 1 10	1 1 9 9 8 10
5	…	…	…	…	…
6	10	00, 0, 1	1, 1.001, …, 1.009	0.001	10

注：带"（　）"的等级，根据订货供应。

例如：用 83 块一套的量块，组成尺寸 58.785 mm，其组合方法如下。

量块组的尺寸：	58.785
第一块量块的尺寸：	－）1.005
剩余尺寸：	57.78
第二块量块的尺寸：	－）　1.28
剩余尺寸：	56.50
第三块量块的尺寸：	－）　6.5
剩余尺寸（即第 4 块量块的尺寸）：	50

5.1.5　计量器具和测量方法的分类

计量器具是量具、量规、量仪和其他用于测量目的的测量装置的总称。通常把没有传动放大系统的计量器具称为量具，如游标卡尺、直角尺和量规等；把具有传动放大系统的计量器具称为量仪，如机械比较仪，测长仪和投影仪等。

1. 计量器具的分类

计量器具按其测量原理、结构特点和用途可分为以下几类。

（1）基准量具。

基准量具是用来调整和校对一些计量器具或作为标准尺寸进行比较测量的器具。它又分为以下几种：

① 定值基准量具，如量块、角度块等。

② 变值基准量具，如线纹尺等。

（2）极限量规。

极限量规是一种没有刻度的用于检验零件的尺寸和形位误差的专用计量器具。它只能用来判断被测几何量是否合格，而不能得到被测几何量的具体数值，如光滑极限量规、位置和螺纹量规等。

（3）检验夹具。

检验夹具也是一种专用计量器具，它与有关计量器具配合使用，可以方便、快速地测得零件的多个几何参数。如检验滚动轴承的专用检验夹具可同时测得内、外圈尺寸和径向与端面圆跳动误差等。

（4）通用计量器具。

通用计量器具是指能将被测几何量的量值转换成可直接观测的指示值或等效信息的器具。通用计量器具按其工作原理不同，又可分为以下几种：

① 游标量具，如游标卡尺、游标深度尺和游标量角器等。

② 微动螺旋量具，如外径千分尺和内径千分尺等。

③ 机械比较仪，即用机械传动方法实现信息转换的量仪，如齿轮杠杆比较仪、扭簧比较仪等。

④ 光学量仪，即用光学方法实现信息转换的量仪，如光学比较仪、工具显微镜、投影仪和光波干涉仪等。

⑤ 电动量仪，即将原始信息转换成电路参数的量仪，如电感测微仪、电容测微仪和轮廓仪等。

⑥ 气动量仪，即通过气动系统的流量或压力的变化来实现原始信息转换的量仪，如游标式气动量仪、薄膜式气动量仪和波纹管式气动量仪等。

（5）微机化量仪。

微机化量仪是指在微机系统控制下，可实现数据的自动采集、自动处理、自动显示和打印测量结果的机电一体化量仪，如计算机圆度仪、计算机形位误差测量仪和计算机表面粗糙度测量仪等。

2. 计量器具的技术性能指标

（1）刻度间距（分度间距）。

刻度间距是指刻度尺或刻度盘上相邻两刻线中心线间的距离，一般为 0.75 ~ 2.5 mm。

（2）分度值（刻度值）。

分度值是指计量器具的刻度尺或刻度盘上相邻两刻线所代表的量值之差。例如，千分尺的微分套筒上相邻两刻线所代表的量值之差为 0.01，即分度值为 0.01 mm。分度值通常取 1、2、5 的倍数，几何量计量器具的常用分度值有 0.1 mm，0.05 mm，0.02 mm，0.01 mm，0.002 mm和 0.001 mm。

（3）示值范围。

示值范围是指由计量器具所显示或指示的最小值到最大值的范围。例如，机械比较仪的示值范围是 ± 0.1 mm。

（4）测量范围。

测量范围是指在允许误差限内，计量器具所能测量的最小和最大被测量值的范围。例如，某一千分尺的测量范围是 50 ~ 75 mm。某些计量器具的测量范围和示值范围是相同的，如游标卡尺和千分尺。

（5）灵敏度和放大比。

灵敏度是指计量器具对被测量变化的反应能力。若被测量变化为 ΔX，所引起的计量器具的相应变化为 ΔL，则灵敏度 S 为

$$S = \frac{\Delta L}{\Delta X}$$

对于一般长度计量器具，灵敏度又称放大比。对于具有等分刻度的刻度尺或刻度盘的量仪，放大比 K 等于刻度间距 a 与分度值 i 之比，即

$$K = \frac{a}{i}$$

（6）灵敏限。

灵敏限是指引起计量器具示值可察觉变化的被测量的最小变化值。它表示量仪反映被测量微小变化的能力。

（7）测量力。

测量力是指在测量过程中，计量器具与被测表面之间的接触力。在接触测量时，测量力可保证接触可靠，但过大的测量力会使量仪和被测零件变形和磨损，而测量力的变化会使示值不稳定，影响测量精度。

（8）示值误差。

示值误差是指测量仪器的示值与被测量真值之差。

（9）示值变动。

示值变动是指在测量条件不变的情况下，对同一被测量进行多次重复测量（一般 5 ~ 10次）时，各测得值的最大差值。

（10）回程误差。

回程误差是指在相同条件下，对同一被测量进行往返两个方向测量时，测量示值的变化范围。

（11）修正值（校正值）。

修正值是指为了消除或减少系统误差，用代数法加到未修正测量结果上的数值。修正值等于示值误差的负值。例如，若示值误差为 − 0.003 mm，则修正值为 + 0.003 mm。

（12）测量不确定度。

测量不确定度是指由于测量误差的影响而使测量结果不能肯定的程度。不确定度用误差界限表示。如分度值为 0.01 mm 的外径千分尺，在车间条件下，测量一个尺寸小于 50 mm 的零件时，其不确定度为 ± 0.004 mm。

3. 测量方法的种类及其特点

测量方法是指测量原理、测量器具、测量条件的总和。但在实际工作中，往往从获得测量结果的方式来划分测量方法的种类。

（1）按计量器具的示值是否是被测量的全值，测量方法可分为绝对测量和相对测量。

① 绝对测量：计量器具的示值就是被测量的全值。例如，用游标卡尺、千分尺测量轴、孔的直径就属于绝对测量。

② 相对测量：又称比较测量，它是指计量器具的示值只表示被测量相对于已知标准量的偏差值，而被测量为已知标准量与该偏差值的代数和。例如，用比较仪测量轴的直径尺寸，首先用与被测轴径的基本尺寸相同的量块将比较仪调零，然后换上被测轴，测得被测直径相对量块的偏差。该偏差值与量块尺寸的代数和就是被测轴直径的实际尺寸。

（2）按实测之量是否是被测之量，测量方法可分为直接测量和间接测量。

① 直接测量：指无须对被测的量与其他实测的量进行函数关系的辅助计算，而直接测得被测量值的测量方法。例如，用外径千分尺测量轴的直径就属于直接测量法。

② 间接测量：测量与被测量之间有已知函数关系的其他量，经过计算求得被测量值的方法。例如，采用"弓高弦长法"间接测量圆弧样板的半径 R，只要测得弓高 h 和弦长 L 的量值，然后按照有关公式进行计算，就可获得样板的半径 R 的量值。这种方法属于间接测量法。

（3）按零件上是否同时测量多个被测量，测量方法分为单项测量和综合测量。

① 单项测量：指对被测的量分别进行的测量。例如，在工具显微镜上分别测量中径、螺距和牙型半角的实际值。

② 综合测量：指对零件上一些相关联的几何参数误差的综合结果进行测量。例如，齿轮的综合误差的测量。

单项测量结果便于工艺分析，但综合测量的效率比单项测量高。综合测量反映的结果比较符合工件的实际工作情况。

（4）按被测工件表面与计量器具的测头之间是否接触，测量方法可分为接触测量和非接触测量。

① 接触测量：指计量器具的测头与被测表面相接触的测量方法，并存在机械作用的测量力的测量方法。例如，用比较仪测量轴径，用卡尺、千分尺测量工件。

② 非接触测量：指计量器具的测头与被测表面不接触的测量方法，因而不存在机械作用的测量力的测量。例如，用光切显微镜测量表面粗糙度，用气动量仪测量孔径。

接触测量有测量力，会引起被测表面和计量器具有关部分产生弹件变形，从而影响测量精度，非接触测量则无此影响。

（5）按测量结果对工艺过程所起的作用，测量方法可分为被动测量和主动测量。

① 离线测量：指对完工零件进行的测量。测量结果仅限于发现并剔出不合格品。

② 在线测量：指在零件加工过程中所进行的测量。此时测量结果可直接用来控制加工过程，以防止废品的产生。例如，在磨削滚动轴承内、外圈的外、内滚道过程中，测量头测量磨削直径尺寸，当达到尺寸合格范围时，则停止磨削。

在线测量使检测与加工过程紧密结合，能及时防止废品，以保证产品质量，因此是检测技术的发展方向。

（6）按被测零件在测量中所处的状态，测量方法可分为静态测量和动态测量。

① 静态测量：指在测量时，被测表面与测头相对静止的测量。例如，用千分尺测量零件的直径。

② 动态测量：指在测量时，被测表面与测头之间有相对运动的测量。它能测得误差的瞬时值及其随时间变化的规律，反映被测参数的变化过程。例如，电动轮廓仪测量表面粗糙度，在磨削过程中测量零件的直径，用激光丝杠动态检查仪测量丝杠。

在线测量和动态测量是测量技术的主要发展方向，前者能将加工和测量紧密结合起来，从根本上改变测量技术的被动局面，后者能较大地提高测量效率和保证零件的质量。

5.2 测量误差及数据处理

5.2.1 概　述

1. 测量误差的基本概念

测量误差是指测得值与被测量的真值之差。在实际中，由于测量器具本身的误差以及测量方法和条件的限制，任何测量过程都不可避免地存在误差，因此一般说来，真值是难以得到的。在实际测量中，常用相对真值或不存在系统误差情况下的算术平均值来代替真值。例如，用量块检定千分尺时，对于千分尺的示值来说，量块的尺寸就可作为约定真值。

测量误差可用绝对误差和相对误差来表示。

（1）绝对误差。

绝对误差 Δ 是指被测量的实际值 x 与其真值 μ_0 之差，即

$$\Delta = x - \mu_0$$

绝对误差是代数值，即它可能是正值、负值或零。

如用外径千分尺测量某轴的直径，若轴的实际直径为 40.005 mm，而用高精度量仪测得的结果为 40.015 mm（可看作是约定真值），则用千分尺测得的实际直径值的绝对误差为

$$\Delta = 40.005 - 40.015 = -0.01 \text{（mm）}$$

（2）相对误差。

相对误差 ε 是指绝对误差的绝对值与被测量的真值（或用约定测得值 x_i 代替真值）之比，即

$$\varepsilon = \frac{|\Delta|}{\mu_0} \times 100\% \approx \frac{|\Delta|}{x_i} \times 100\%$$

则上述测量的相对误差为

$$\varepsilon \approx \frac{|-0.01|}{40.015} \times 100\% = 0.02\%$$

当被测量的大小相同时，可用绝对误差的大小来比较测量精度的高低。而当被测量的大小不同时，则用相对误差的大小来比较测量精度的高低。如有 20 ± 0.002（mm）和 250 ± 0.02（mm）两个测量结果。倘若用绝对误差进行比较，则无法判断测量精度的高低，这就需要用相对误差进行比较。

$$\varepsilon_1 = \frac{0.002}{20} \times 100\% = 0.01\%$$

$$\varepsilon_2 = \frac{0.02}{250} \times 100\% = 0.008\%$$

可见，后者的测量精度较前者高。

在长度测量中，"相对误差"的术语应用比较少，通常所说的测量误差是指绝对误差。

2. 测量误差的来源

在测量过程中产生误差的原因很多，主要的误差来源如下。

（1）计量器具的误差。

计量器具误差是指计量器具本身所具有的误差。计量器具误差的来源十分复杂，它与计量器具的结构设计、制造和安装调试不良等许多因素有关，其主要来源有如下几方面。

① 基准件误差。任何计量器具都有供比较的基准，而作为基准的已知量也不可避免地会存在误差，称之为基准件误差。例如，刻线尺的划线误差、分度盘的分度误差、量块长度的极限偏差等。

显然，标准件的误差将直接反映到测量结果之中，它是计量器具的主要误差来源。如在立式光较仪上用 2 级量块作基准测量 $\phi 25$ mm 的零件时，由于量块制造误差为 ± 0.6 μm，测得值中就有可能带入 ± 0.6 μm 的测量误差。

很明显，要减少计量器具误差对测量结果的影响，最重要的措施是提高基准件的精度或对基准件的误差进行修正。

② 原理误差。在设计计量器具时，为了简化结构，有时采用近似设计，用近似机构代替理论上所要求的机构而产生原理误差。或者设计的器具在结构布置上，未能保证被测长度与标准长度安置在同一直线上，不符合阿贝原则而引起阿贝误差，这些都会产生测量误差。再如，用标准尺的等分刻度代替理论上应为不等分的刻度而引起的示值误差等。在这种情况下

即使计量器具制造得绝对正确，仍然会有测量误差，故称为原理误差。当然，这种设计带来的固有原理误差通常是较小的，否则这种设计便不能采用。

在几何量计量中有两个重要的测量原则，即长度测量中的阿贝比长原则和圆周分度测量中的封闭原则。

阿贝比长原则是指在长度测量中，为使测量误差最小应将标准量安放在被测量的延长线上，也就是说，量具或仪器的标准量系统和被测尺寸应按串联的形式排列。

圆周封闭原则是指对于圆周分度器件（如刻度盘、圆柱齿轮等）的角度量值测量，利用"在同一圆周上所有夹角之和等于360°，亦即同一圆周上所有夹角误差之和等于零"这一自然封闭特性进行测量。

③ 制造误差。计量器具在制造过程中必然产生误差。例如，传递系统零件制造不准确引起的放大比误差，刻线尺划线不准确引起的误差，机构间隙引起的误差，千分尺的测微螺杆的螺距制造误差，以及由于计量仪器装配、调整不良而引起的误差。例如，使千分表刻度盘的刻度中心与指针回转中心不重合而引起的偏心误差。

为了减少计量器具误差的影响，应适当地提高关键零部件的制造和装配精度。对于可以进行修正的误差，应设法加以修正。

④ 测量力引起的误差。在接触测量中，由于测量力的存在，使被测零件和计量仪器产生弹性变形（包括接触变形、结构变形、支承变形），这种变形量虽不大，但在精密测量中就需要加以考虑。由于测头形状、零件表面形状和材料的不同，因测量力而引起的压陷量也不同。为了减小测量力引起的测量误差，多数计量仪器上都有测量力稳定装置。

（2）测量方法的误差。

测量方法的误差是指采用近似测量方法或测量方法不完善而引起的测量误差。

如用 V 形块和指示计（如千分表、测微仪等）测量圆度误差时，取指示计的最大和最小读数之差作为圆度误差；用测量径向圆跳动的方法测量同轴度误差；用 π 尺测量大型零件的外径（测量圆周长 S，按 $d=S/\pi$ 计算出直径，按此式算得的是平均直径，当被测截面轮廓存在较大的椭圆形状误差时，可能出现最大和最小实际直径已超差但平均直径仍合格的情况，从而作出错误的判断）；以及测量圆柱表面的素线直线度误差代替测量轴线直线度误差等。

为了减少或消除测量方法误差，应采用正确的测量方法。例如，对于用 V 形块测量圆度误差的方法，应根据所用 V 形块的角度和测头的安装角度，对各次谐波分量进行修正，再使用经过修正的各个读数，按符合圆度误差定义的数学模型进行数据处理，求得真实的圆度误差。为了得到真实的同轴度误差，应按符合定义的同轴度误差的数学模型进行数据的采集、数据处理，求得同轴度误差。

另外，同一参数可用不同的方法测量。例如，对大尺寸轴径的测量值，可用大型千分尺按两点法测量，也可用弓高仪按三点法测量，还可用间接测量法通过测量圆周长度，并按照公式求得直径等测量方法。这些测量方法所得的测量结果往往不同，当采用不妥当的测量方法时，就存在测量方法误差。

（3）环境条件的误差。

环境条件误差是指测量时的环境条件不符合标准条件而引起的测量误差。测量环境的温度、湿度、气压、振动和灰尘等都会引起测量误差。这些影响测量误差的诸因素中，温度的影响是主要的，而其余各因素一般在精密测量时才予以考虑。

在长度测量中，特别是在测量大尺寸零件时，温度的影响尤为明显。当温度变化时，由于被测件、计量仪器和基准件的材料不同，其线膨胀系数也不同，测量时的温度偏离标准温度（20 ℃）所引起的测量误差 ΔL 可按式（5-1）计算。

$$\Delta L = L[\alpha_2(t_2 - 20) - \alpha_1(t_1 - 20)] \qquad (5\text{-}1)$$

式中　L——被测长度尺寸；

　　α_1，α_2——计量器具、被测零件材料的线膨胀系数；

　　t_1，t_2——计量器具、被测零件的实际温度（℃）。

式（5-1）可改写成：

$$\Delta L = L[(\alpha_2 - \alpha_1)(t_2 - 20) + \alpha_1(t_2 - t_1)] \qquad (5\text{-}2)$$

由式（5-2）可见，当标准件与被测零件材料的线膨胀系数相同（$\alpha_1 = \alpha_2$）时，只要使两者在测量时的实际温度相等（$t_1 = t_2$），即使偏离标准温度，也不存在温度引起的测量误差。

由温度变化和被测零件与测量器具的温差引起的未定系统误差，可按随机误差处理，由式（5-3）计算

$$\Delta_{\lim} = L\sqrt{(\alpha_2 - \alpha_1)^2 \Delta t_2^2 + \alpha_1^2(t_2 - t_1)^2} \qquad (5\text{-}3)$$

式中　L——被测长度尺寸；

　　α_1，α_2——计量器具、被测零件材料的线膨胀系数；

　　Δt_2——测量温度（环境温度）的最大变化量；

　　$t_2 - t_1$——被测零件与计量器具的极限温度差。

为了减少温度引起的测量误差，应尽量使测量时的实际温度接近标准温度，或进行等精度处理，也可按式（5-3）的计算结果，对测得值进行修正。

（4）人为误差。

人为误差是指测量人员的主观因素所引起的误差，常为测量者的估计判断误差、眼睛分辨能力的误差、斜视误差等。

5.2.2　各类测量误差及其数据处理

为了提高测量精度，就必须减少测量误差，而要减少测量误差，就必须了解和掌握测量误差的性质及其规律。根据误差的性质和出现的规律，可以将测量误差分为系统误差、随机误差和粗大误差三类。

1. 系统误差及其消除方法

系统误差是指在一定的测量条件下，多次重复测量某一被测几何量时，误差的绝对值和符号保持不变或按一定规律变化的误差。前者称为定值（或已定）系统误差，后者称为变值（或未定）系统误差。变值系统误差又可分为线性变化的、周期性变化的和复杂变化

的几种类型。计量器具本身性能不完善、测量方法不完善、测量者对仪器使用不当、环境条件的变化等原因都可能产生系统误差。例如，在光学比较仪上用相对测量法测量轴的直径时，按量块的标称尺寸调整光学比较仪的零点，由量块的制造误差所引起的测量误差就是定值系统误差。而千分表指针的回转中心与刻度盘上各条刻线中心的偏心所产生的示值误差则是变值系统误差。

系统误差的大小表明测量结果的准确度，它说明测量结果相对真值有一定的误差。系统误差越小，测量结果的准确度则越高。系统误差对测量结果影响较大。故在测量过程中，应尽量消除或减小系统误差，以提高测量结果的正确度。

在一定的测量条件下，定值系统误差对连续多次测量的各测得值影响相同，一般不影响误差的分布规律。根据等精度测量列，无法断定是否存在定值系统误差。只能通过改变测量条件，用更精确的测量进行对比实验，发现定值系统误差，并取其反号作为修正值，对原测量结果加以修正。例如，在比较仪上测量零件尺寸时，按级使用量块调整比较仪零点，测量结果中将包含由量块制造误差所引起的定值系统误差，此时可用更高精度的仪器检定量块，得到修正值，对测量结果进行修正。

某些定值系统误差可用"抵消法"来消除。例如，在工具显微镜上测量螺距时，由于安装误差使左、右牙形侧面的螺距产生绝对值相等、符号相反的定值系统误差，因此可分别测出左、右牙形侧面的螺距，以两者的平均值作为测量结果。

对于变值系统误差，可根据它对测得值的残差的影响，采用"残差观察法"来发现变值系统误差。即将各测得值的残差按测量顺序排列，若各残差大体上正、负相间，又无显著变化，如图 5-3（a）所示，则可认为不存在变值系统误差。若各残差大体上按线性规律递增或递减，如图 5-3（b）所示，则可认定存在线性变值系统误差。若各残差的变化基本上呈周期性，如图 5-3（c）所示，则可认为存在周期性变值系统误差。

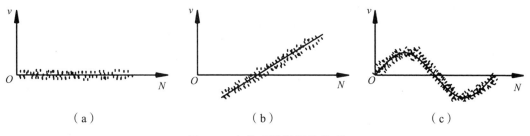

图 5-3　变值系统误差的发现

2. 随机误差的特性及其评定

随机误差是指在一定的测量条件下，多次测量同一被测量时，绝对值和符号以不可预定方式变化的误差。对于随机误差，虽然每一单次测量所产生的误差的绝对值和符号不能预料，但若以足够多的次数重复测量，随机误差的总体将服从一定的统计规律。

随机误差是由测量过程中未加控制又不起显著作用的多种随机因素引起的。这些随机因素包括温度的波动、测量力的变动、计量仪器中油膜的变化、传动件之间的摩擦力变化以及读数时的视差等。

随机误差是难以消除的，但可用概率论和数理统计的方法，估算随机误差对测量结果的影响程度，并通过对测量数据的适当处理减小其对测量结果的影响程度。

试进行以下实验，即在同样的测量条件下，对某一个工件的同一部位用同一方法进行 150 次重复测量，得到 150 个测得值。然后将 150 个测得值按尺寸的大小分为 11 组，分组间隔为 0.001 mm。其中，最大值为 7.141 5 mm，最小值为 7.130 5 mm。有关数据如表 5-4 所示。

表 5-4　测量数据统计表

组号	测得值分组区间/mm	区间中心值/mm	频数（n_i）	频率（n_i/N）
1	7.130 5～7.131 5	$x_1 = 7.131$	$n_1 = 1$	0.007
2	7.131 5～7.132 5	$x_2 = 7.132$	$n_2 = 3$	0.020
3	7.132 5～7.133 5	$x_3 = 7.133$	$n_3 = 8$	0.053
4	7.133 5～7.134 5	$x_4 = 7.134$	$n_4 = 18$	0.120
5	7.134 5～7.135 5	$x_5 = 7.135$	$n_5 = 28$	0.187
6	7.135 5～7.136 5	$x_6 = 7.136$	$n_6 = 34$	0.227
7	7.136 5～7.137 5	$x_7 = 7.137$	$n_7 = 29$	0.193
8	7.137 5～7.138 5	$x_8 = 7.138$	$n_8 = 17$	0.113
9	7.138 5～7.139 5	$x_9 = 7.139$	$n_9 = 9$	0.060
10	7.139 5～7.140 5	$x_{10} = 7.140$	$n_{10} = 2$	0.013
11	7.140 5～7.141 5	$x_{11} = 7.141$	$n_{11} = 1$	0.007
测得值的平均值：7.136			$N = \sum n_i = 150$	$\sum(n_i/N) = 1$

将表 5-4 中的数据画成图形，以测得值 x 为横坐标，以频率 n_i/N 为纵坐标，并以每组的区间与相应的频率为边长画成长方形，从而得到频率直方图。连接每个直方块上部中点，得到一条折线，称为测得值的实际分布曲线，如图 5-4（a）所示。若将上述试验次数 N 无限增大，而分组间隔 Δx 区间趋于无限小，则该折线就变成一条光滑的曲线，称为理论分布曲线。

如果横坐标用测量的随机误差 δ 代替测得的尺寸 x_i，纵坐标用表示对应各随机误差的概率密度 y 代替频率 n_i/N，那么就得到随机误差的正态分布密度曲线，如图 5-4（b）所示。

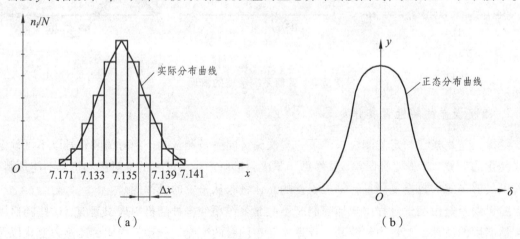

图 5-4　频率直方图与正态分布曲线

大量的观测实践表明，测量时的随机误差通常服从正态分布规律。正态分布的随机误差具有下列 4 个基本特性。

（1）单峰性。绝对值小的随机误差比绝对值大的随机误差出现的次数多。

（2）离散性（或分散性）。随机误差的绝对值有大有小、有正有负，即随机误差呈离散型分布。

（3）对称性（或相消性）。绝对值相等的正负随机误差出现的次数相等。

（4）有界性。在一定的测量条件下，随机误差的绝对值不会超出一定的界限。

随机误差除了按正态分布之外，也可能按其他规律分布，如等概率分布、三角形分布等。本章讨论的随机误差为服从正态分布的随机误差。

评定随机误差的特性时，以服从正态分布曲线的标准偏差作为评定指标。根据概率论，正态分布曲线的数学表达式为

$$y = \frac{1}{\sigma\sqrt{2\pi}} e^{-\frac{\delta^2}{2\sigma^2}} \tag{5-4}$$

式中　y —— 随机误差的概率分布密度；

e —— 自然对数的底，$e = 2.718\ 28\cdots$；

σ —— 标准偏差；

δ —— 随机误差。

从式（5-4）可知，概率密度 y 与随机误差 δ 及标准偏差 σ 有关。当 $\delta = 0$ 时，概率密度最大，且有 $y_{\max} = \frac{1}{\sigma\sqrt{2\pi}}$。概率密度的最大值 $y_{\max}$ 与标准偏差 σ 成反比。在图 5-5 中有 3 条不同标准偏差的正态分布曲线，即 $\sigma_1 < \sigma_2 < \sigma_3$，$y_{1\max} > y_{2\max} > y_{3\max}$。标准偏差 σ 表示了随机误差的离散（或分散）程度。可见，σ 越小，$y_{\max}$ 越大，分布曲线越陡峭，测得值越集中，即测量精度越高。反之，σ 越大，$y_{\max}$ 越小，分布曲线越平坦，测得值越分散，测量精度越低。

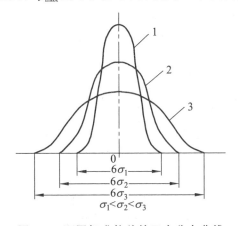

图 5-5　不同标准偏差的正态分布曲线

按照误差理论，随机误差的标准偏差 σ 的计算公式为

$$\sigma = \sqrt{\frac{\sum_{i=1}^{n} \delta_i^2}{n}} \qquad (5-5)$$

式中　δ_i（$i = 1, 2, \cdots, n$）——各测得值的随机误差；

　　　n——测量次数。

由概率论可知，全部随机误差的概率之和为 1，即

$$P = \int_{-\infty}^{+\infty} y\,\mathrm{d}\delta = \frac{1}{\sigma\sqrt{2\pi}} \int_{-\infty}^{+\infty} \mathrm{e}^{-\frac{\delta^2}{2\sigma^2}} \mathrm{d}\delta = 1$$

随机误差出现在区间（$+\delta$，$-\delta$）内的概率为

$$P = \frac{1}{\sigma\sqrt{2\pi}} \int_{-\infty}^{+\infty} \mathrm{e}^{-\frac{\delta^2}{2\sigma^2}} \mathrm{d}\delta$$

若令 $t = \dfrac{\delta}{\sigma}$，则 $\mathrm{d}t = \dfrac{\mathrm{d}\delta}{\sigma}$，于是有

$$P = \frac{1}{\sqrt{2\pi}} \int_{-t}^{+t} \mathrm{e}^{-\frac{t^2}{2}} \mathrm{d}t = \frac{2}{\sqrt{2\pi}} \int_{0}^{t} \mathrm{e}^{-\frac{t^2}{2}} \mathrm{d}t = 2\varphi(t)$$

式中，$\varphi(t) = \dfrac{1}{\sqrt{2\pi}} \int_{0}^{t} \mathrm{e}^{-\frac{t^2}{2}} \mathrm{d}t$，函数 $\varphi(t)$ 称为拉普拉斯函数。

当已知 t 时，在拉普拉斯函数表中可查得函数 $\varphi(t)$ 之值。

例如：当 $t = 1$ 时，即 $\delta = \pm\sigma$ 时，$2\varphi(t) = 68.27\%$。

当 $t = 2$ 时，即 $\delta = \pm2\sigma$ 时，$2\varphi(t) = 95.44\%$。

当 $t = 3$ 时，即 $\delta = \pm3\sigma$ 时，$2\varphi(t) = 99.73\%$。

由于超出 $\pm3\sigma$ 范围的随机误差的概率仅为 0.27%，因此，可将随机误差的极限值取作 $\pm3\sigma$，并记作 $\Delta_{\mathrm{im}} = \pm3\sigma$，如图 5-6 所示。

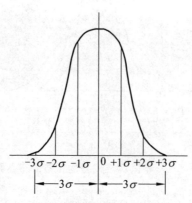

图 5-6　随机误差的极限误差

在式（5-5）中，随机误差 δ_i 是指消除系统误差后的各测量值 x_i 减其真值 μ_0 之差，即

$$\delta_i = x_i - \mu_0 \quad (i = 1, 2, \cdots, n) \qquad （5-6）$$

但在实际测量工作中，被测量的真值 μ_0 是未知的，当然 δ_i 也是未知的，因此无法根据式（5-5）求得标准偏差 σ。

在消除系统误差的条件下，对被测几何量进行等精度、有限次测量，若测量列为 $x_1, x_2, \cdots x_n$，则其算术平均值为

$$\bar{x} = \frac{1}{n}\sum_{i=1}^{n} x_i \qquad （5-7）$$

$\bar{x}$ 是被测量真值 μ_0 的最佳估计值。

测得值 x_i 与算术平均值 $\bar{x}$ 之差称为残余误差（简称残差），并记作

$$\upsilon_i = x_i - \bar{x} \quad (i = 1, 2, \cdots, n) \qquad （5-8）$$

由于随机误差 δ_i 是未知的，所以在实际应用中，采用贝塞尔（Bessel）公式（5-9）计算标准偏差 σ 的估计值 S，即

$$S = \sqrt{\frac{\sum_{i=1}^{n} \upsilon_i^2}{n-1}} \qquad （5-9）$$

按式（5-9）计算出标准偏差的估计值 S 之后，若只考虑随机误差的影响，则单次测量结果可表示为

$$d_i = x_i \pm 3S$$

这表明：被测量真值 μ_0 在 $(x_i \pm 3S)$ 中的概率是 99.73%。

若在相同条件下，对同一被测量值重复进行若干组的"n 次测量"，虽然每组 n 次测量的算术平均值不会完全相同，但这些算术平均值的分布范围要比单次测量值（一组 n 次测量）的分布范围小得多。算术平均值 $\bar{x}$ 的分散程度可用算术平均值的标准偏差 $\sigma_{\bar{x}}$ 来表示，$\sigma_{\bar{x}}$ 与单次测量的标准偏差 σ 存在下列关系：

$$\sigma_{\bar{x}} = \frac{\sigma}{\sqrt{n}} \qquad （5-10）$$

式中　n——重复测量次数。

在正态分布情况下，测量列算术平均值的极限偏差可取作

$$\Delta_{\bar{x}\,\mathrm{lim}} = \pm 3\sigma_{\bar{x}} \qquad （5-11）$$

相应的置信概率为 99.73%。

综上所述，为了减小随机误差的影响，可用多次重复测得值的算术平均值 $\bar{x}$ 作为最终测量结果，而用标准偏差 σ 或极限误差 Δ_{lim} 表示随机误差对单次系列测得值的影响，即用以评

定这些测得值的精密度。而用算术平均值的标准偏差 $\sigma_{\bar{x}}$ 或算术平均值的极限误差 $\Delta_{x\lim}$ 表示随机误差对算术平均值的影响，即用以评定测量列的算术平均值的精密度。

3. 粗大误差及其剔除方法

粗大误差（简称粗误差）又称过失误差，它是指超出在一定测量条件下预计的测量误差。粗大误差是由某些不正常的原因造成的。例如，测量者的粗心大意所造成的读数错误或记录错误，被测零件或计量器具的突然振动等。由于粗大误差会明显歪曲测量结果，因此要从测量数据中将粗大误差剔除。

判断是否存在粗大误差，可以随机误差的分布范围为依据，凡超出规定范围的误差，就可视为粗大误差。例如，对于服从正态分布的等精度多次测量结果，测得值的残差绝对值超出 $\pm 3S$ 的概率仅为 0.27%，因此可按 3σ 准则剔除粗大误差。

3σ 准则又称拉依达准则。对于服从正态分布的误差，应按公式计算标准偏差的估计值 S，然后用 $3S$ 作为准则来检查所有的残余误差 υ_i。若某一个或若干个 $|\upsilon_i| > 3S$，则该残差（或若干个残差）为粗大误差，相对应的测量值应从测量列中剔除。然后将剔除了粗大误差的测量列重新按式（5-7）~（5-9）计算标准偏差 S，再根据新计算出的残余误差进行判断，直到无粗大误差为止。

5.2.3 测量精度的分类

5.2.2 节讨论了随机误差和系统误差的特性及其对测量结果的影响。在实际测量过程中，常常用测量精度来描述测量误差的大小。测量精度是指测得值与其真值的接近程度，而测量误差是指测得值与其真值的差别量。它和测量误差是从两个不同角度说明同一概念的术语。测量误差越大，则测量精度就越低；反之，则测量精度就越高。为了反映不同性质的测量误差对测量结果的不同影响，测量精度可分为以下几类。

（1）精密度：指在规定的测量条件下连续多次测量时，各测得值的一致程度。它表示测量结果中随机误差的大小。随机误差越小，则精密度越高。

（2）精确度：指在一定条件下进行多次测量时，各测得值与其真值的接近程度。它表示测量结果中系统误差与随机误差的综合影响程度。系统误差和随机误差越小，精确度越高。

（3）准确度：指在规定的条件下，进行多次测量时，测量结果中系统误差的影响程度。系统误差越小，则准确度越高。

通常精密度高的，准确度不一定高，反之亦然；但精确度高时，则准确度和精密度必定都高。可用如图 5-7 所示的打靶例子加以说明。圆圈表示靶心，黑点表示弹孔。图 5-7（a）表示随机误差小而系统误差大，即精密度高，准确度低。图 5-7（b）表示随机误差大而系统误差小，即精密度低，准确度高。图 5-7（c）表示随机误差和系统误差均较大，即精密度和准确度均较低，精确度低。图 5-7（d）表示随机误差和系统误差都较小，即精密度和准确度均较高，精确度高。

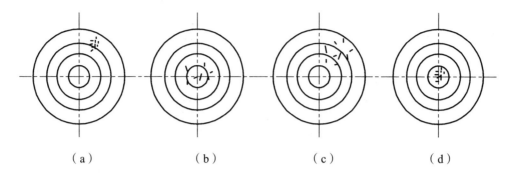

（a）　　　　　　（b）　　　　　　（c）　　　　　　（d）

图 5-7　靶示测量精度与测量误差

5.2.4　测量列的数据处理

1. 直接测量数据的处理

在测得值中，可能含有系统误差、随机误差和粗大误差，为了获得可靠的测量结果，应对这些测量数据进行如下处理。

① 粗大误差应剔除。

② 已定系统误差按代数和合成，即

$$\Delta_{总,系} = \sum_{i=1}^{n} \Delta_{i,系}$$

式中　$\Delta_{总,系}$——测量结果总的系统误差；

　　　$\Delta_{i,系}$——各误差来源的系统误差。

③ 对于服从正态分布、彼此独立的随机误差和未定系统误差，按方和根法合成，即

$$\Delta_{总,\text{lim}} = \sqrt{\sum_{i=1}^{n} \Delta_{i,\text{lim}}^{2}}$$

式中　$\Delta_{总,\text{lim}}$——测量结果总的极限误差；

　　　$\Delta_{i,\text{lim}}$——各误差来源的极限误差。

（1）单次测量的数据处理。

【例 5-1】用外径千分尺测量铬钢轴的直径。测得的实际直径为 $d_a = 35.105$ mm，千分尺的极限误差为 $\Delta_{\text{lim}} = 4$ μm，车间温度为（23 ± 2.5）°C，测量时被测零件与千分尺的温差不超过 1 °C，千分尺未调零，有 +0.005 mm 的误差，试求单次测量结果（已知千分尺材料的线膨胀系数 $\alpha_1 = 11.5 \times 10^{-6} / °C$，铬钢的线膨胀系数 $\alpha_2 = 13 \times 10^{-6} / °C$）。

【解】① 确定各种误差。

已定系统误差（千分尺未调零而引起的误差）$\Delta_{i,系} = +0.005$ mm $= +5$ (μm)。

温度引起的误差（偏离标准温度引起的误差）按式（5-1）计算，即

- 123 -

$$\Delta_{2,\text{系}} = L[\alpha_2(t_2 - 20) - \alpha_1(t_1 - 20)]$$
$$= 35.105 \times [13 \times (23 - 20) - 11.5 \times (23 - 20)] \times 10^{-6}$$
$$= +0.000\,158\,(\text{mm})$$
$$\approx +0.16\,(\mu\text{m})$$

随机误差（千分尺的极限误差）$\Delta_{1,\text{lim}} = \pm4\,\mu\text{m}$，未定系统误差（车间温度变化、被测零件与千分尺的温度差引起的误差）按式（5-3）计算，即

$$\Delta_{2,\text{lim}} = L\sqrt{(\alpha_2 - \alpha_1)^2 \Delta t_2^2 + \alpha_1^2(t_2 - t_1)^2}$$
$$= 35.105 \times \sqrt{(13 - 11.5)^2 \times 5^2 + 11.5^2 \times 1^2} \times 10^{-6}$$
$$= 0.000\,48(\text{mm})$$
$$= 0.48(\mu\text{m})$$

② 将以上各项误差分别合成：

$$\Delta_{\text{总,系}} = \Delta_{1,\text{系}} + \Delta_{2,\text{系}} = +5 + 0.16 = +5.16(\mu\text{m})$$

$$\Delta_{\text{总,lim}} = \sqrt{\Delta_{1,\text{lim}}^2 + \Delta_{2,\text{lim}}^2} = \sqrt{4^2 + 0.48^2} = 4.03(\mu\text{m})$$

③ 单次测量结果为

$$d = (d_a - \Delta_{\text{总,系}}) \pm \Delta_{\text{总,lim}} = (35.105 - 0.005\,16) \pm 0.004\,03 \approx 35.1 \pm 0.004(\text{mm})$$

即真值在 $35.096 \sim 35.104$ 的概率为 99.73%。

（2）多次测量数据的处理。

【例 5-2】解决本章导入的案例问题。

【解】按下列步骤进行。

按测量顺序，将实测数据写在表 5-5 的第 2 列内。

② 判断定值系统误差。

根据案例，测量所用仪器有 $+0.3\,\mu\text{m}$ 的零位误差，由此判断测量列存在定值系统误差，即

$$\Delta_{\text{定值}} = +0.3\,\mu\text{m}$$

③ 求出算术平均值。

$$\bar{x} = \frac{1}{n}\sum_{i=1}^{n} x_i = \frac{1}{15}\sum_{i=1}^{15} x_i = \frac{839.901}{15} = 55.993\,4$$

④ 计算残差。

按式（5-8）计算各测量数据的残差为

$$\upsilon_i = x_i - \bar{x} = x_i - 55.993\,4$$

计算结果列于表 5-5 中的第 3 列内。

⑤ 判断变值系统误差。

按残差观察法，本案例中各测量数据的残差符号大体上正、负相间，但不是周期变化，因此可以判断该测量列中不存在变值系统误差。

⑥ 按式（5-9）计算测量列单次测量值的标准偏差的估计值。

$$S = \sqrt{\frac{\sum\limits_{i=1}^{n} \upsilon_i^2}{n-1}} = \sqrt{\frac{0.000\,149\,6}{15-1}} = 0.003\,3$$

⑦ 判断粗大误差。

根据拉依达准则，第 8 次测得值的残余误差为

$$|\upsilon_8| = 0.010\,4 > 3S = 3 \times 0.003\,3 = 0.009\,9$$

即测得值 x_8 含有粗大误差，故将此测得值 x_8 剔除。然后就剩下的 14 个测得值重新计算其算术平均值，得

$$\overline{x}_{(-8)} = \frac{1}{n}\left[\sum_{i=1}^{7} x_i + \sum_{i=9}^{15} x_i\right] = \frac{1}{14}\left[\sum_{i=1}^{7} x_i + \sum_{i=9}^{15} x_i\right] = \frac{783.918}{14} = 55.994\,1$$

计算"不包含测得值 x_8"的测量列中各测得值的残差 $\upsilon_{i(-8)}$。

$$\upsilon_{i(-8)} = x_i - \overline{x}_{(-8)} = x_i - 55.994\,1$$

计算的各残差值列于表 5-5 中的第 5 列内。

$$S_{(-8)} = \sqrt{\frac{\sum\limits_{i=1}^{n} \upsilon_{i(-8)}^2}{n-1}} = \sqrt{\frac{0.000\,033\,74}{14-1}} = 0.001\,6$$

$$3S_{(-8)} = 3 \times 0.001\,6 = 0.004\,8$$

由表 5-5 中的第 5 列可知，剩下的 14 个测得值的残余误差均未超出 $3S_{(-8)}$，即均满足 $|\upsilon_{i(-8)}| < 3S_{(-8)}$，故可认为这些测得值（$x_1 \sim x_7$，$x_9 \sim x_{15}$）不再含有粗大误差。

⑧ 求测得值的算术平均值的极限误差。

$$\Delta_{\overline{x},\lim} = \pm \frac{3S_{(-8)}}{\sqrt{n}} = \pm \frac{0.004\,8}{\sqrt{14}} = \pm 0.001\,3$$

⑨ 多次测量的测量结果。

$$d = (\overline{x}_{(-8)} - \Delta_{定值}) \pm \Delta_{\overline{x},\lim} = (55.994\,1 - 0.000\,3) \pm 0.001\,3$$
$$= 55.993\,8 \pm 0.001\,3 \approx 55.994 \pm 0.001$$

即该处直径的真值在 55.993 ~ 55.995 之中的概率为 99.73%。

表 5-5　测量数据及其处理计算表

序号	x_i	$\upsilon_i = x_i - \overline{x}$	υ_i^2	$\upsilon_{i(-8)} = x_i - \overline{x}_{(-8)}$	$\upsilon_{i(-8)}^2$
1	55.995	+0.001 6	0.000 002 56	+0.000 9	0.000 000 81
2	55.996	+0.002 6	0.000 006 76	+0.001 9	0.000 003 61
3	55.993	− 0.000 4	0.000 000 16	− 0.001 1	0.000 001 21
4	55.996	+0.002 6	0.000 006 76	+0.001 9	0.000 003 61
5	55.995	+0.001 6	0.000 002 56	+0.000 9	0.000 000 81
6	55.996	+0.002 6	0.000 006 76	+0.001 9	0.000 003 61
7	55.992	− 0.001 4	0.000 001 96	− 0.002 1	0.000 004 41
8	55.983	− 0.010 4	0.000 108 16	—	—
9	55.993	− 0.000 4	0.000 000 16	− 0.001 1	0.000 001 21
10	55.996	+0.002 6	0.000 006 76	+0.001 9	0.000 003 61
11	55.995	+0.001 6	0.000 002 56	+0.000 9	0.000 000 81
12	55.994	+0.000 6	0.000 000 36	− 0.000 1	0.000 000 01
13	55.992	− 0.001 4	0.000 001 96	− 0.002 1	0.000 004 41
14	55.992	− 0.001 4	0.000 001 96	− 0.002 1	0.000 004 41
15	55.993	− 0.000 4	0.000 000 16	− 0.001 1	0.000 001 21
	$\overline{x} = \dfrac{\sum\limits_{i=1}^{15} x_i}{15} = 55.993\ 4$	$\sum\limits_{i=1}^{15} \upsilon_i = 0$	$\sum\limits_{i=1}^{15} \upsilon_i^2 = 0.000\ 149\ 6$	$\sum\limits_{i=1}^{7} \upsilon_i(-8) + \sum\limits_{i=1}^{15} \upsilon_i(-8) \approx 0$	$\sum\limits_{i=1}^{14} \upsilon_{i(-8)}^2 = 0.000\ 033\ 74$

若需要表示单次测量结果，可设某测得值为单次测量数据。例如，设测量列中第 5 次测得值为单次测量数据，则第 5 次测量结果为

$$d_5 = (x_5 - \Delta_{定值}) \pm 3S_{(-8)} = (55.995 - 0.000\ 3) \pm 0.0048$$

$$= 55.994\ 7 \pm 0.004\ 8 \approx 55.995 \pm 0.005$$

即单次测量的真值在 55.990 ~ 56.000 之中的概率为 99.73%。

2. 间接测量数据的处理

间接测量是指测量与被测量有确定函数关系的其他量，并按照这种确定的函数关系通过计算求得被测量。

若令被测量 y 与实际测量的其他有关量 $x_1, x_2, \cdots, x_k$ 的函数表达式为 $y = f(x_1, x_2, \cdots, x_k)$，则被测量 y 的已定系统误差为

$$\Delta y = \sum_{i=1}^{k} C_i \Delta x_i$$

式中　Δx_i——各实测量的系统误差；

C_i——各实测量 x_i 对确定函数的偏导数，称为误差传递函数，$C_i = \dfrac{\partial f}{\partial x_i}$。

若各实测量 x_i 的随机误差服从正态分布，则被测量 y 的极限误差为

$$\Delta_{y,\lim} = \sqrt{\sum_{i=1}^{k} C_i^2 \Delta_{i,\lim}^2}$$

式中　$\Delta_{i,\lim}$——各实测量的极限误差。

【例 5-3】在万能工具显微镜上，用弓高弦长法间接测量某样板的圆弧半径。测得弓高 h = 6 mm，弦长 L = 36 mm。若 $\Delta_{h,\lim} = \pm 3\ \mu m$，$\Delta_{L,\lim} = \pm 4\ \mu m$，求圆弧半径 R 的测量结果。

【解】已知弓高和弦长，则圆弧半径 R 的几何关系式为

$$R = \frac{L^2}{8h} + \frac{h}{2}$$

代入实测数据得

$$R = \frac{L^2}{8h} + \frac{h}{2} = \frac{36^2}{8 \times 6} + \frac{6}{2} = 30 (\text{mm})$$

又　　　　　$$C_L = \frac{\partial R}{\partial L} = \frac{L}{4h} = \frac{36}{4 \times 6} = 1.5$$

$$C_h = \frac{\partial R}{\partial h} = -\frac{L^2}{8h^2} + \frac{1}{2} = -\frac{36^2}{8 \times 6^2} + \frac{1}{2} = -4$$

则　　　$$\Delta_{R,\lim} = \sqrt{C_L^2 \Delta_{L,\lim}^2 + C_h^2 \Delta_{h,\lim}^2} = \sqrt{1.5^2 \times 4^2 + (-4)^2 \times 3^2} = 13.4 (\mu m)$$

测量结果为

$$R = 30 \pm 0.013\,4 \approx 30 \pm 0.013（\text{mm}）$$

6 典型零部件的几何精度设计

6.1 滚动轴承结合的精度设计

6.1.1 概 述

在支撑载荷和彼此相对运动的零件间做滚动运动的轴承称为滚动轴承。滚动轴承是机器上广泛应用的标准部件，可以减小运动副的摩擦，提高效率。滚动轴承由于用途和工作条件不同，其结构变化甚多，但其基本结构由内圈、外圈、滚动体（钢球或滚子）和保持架（又称保持器或隔离圈）所组成，如图 6-1 所示。除此之外，各种不同结构的轴承与其相配的零件还有防尘盖、密封圈、止动垫圈及紧定套等。滚动轴承的基本结构作用如表 6-1 所示。

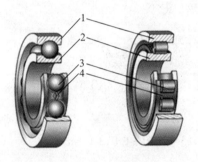

图 6-1 滚动轴承
1—外圈；2—内圈；3—滚动体（钢球或滚子）；
4—保持架（又称保持器或隔离圈）

表 6-1 滚动轴承的基本结构作用

基本结构	作 用
外圈	通常固定在轴承座或机器的壳体上，起支撑滚动体的作用，外圈内表面有供滚动体滚动的内滚道
内圈	通常固定在轴颈上，多数情况下，内圈与轴一起旋转，内圈外表面有供滚动体滚动用的外滚道
滚动体（钢球或滚珠）	在滚道间滚动的球或滚子，滚动体装在内圈和外圈之间，起滚动和传递载荷的作用
保持架（保持器或隔离圈）	将轴承中的滚动体均匀地相互隔开，使每个滚动体在内外圈之间正常滚动

生产中应用的滚动轴承种类多种多样，通常按承受载荷的方向（或接触角）和滚动体的形状进行分类，如表 6-2 所示。

表 6-2　滚动轴承的分类

分类方式	种　类	特　点
按承受载荷的方向 （或接触角）	向心轴承	承受径向载荷
	推力轴承	承受轴向载荷
	向心推力轴承	承受径向和轴向载荷
按滚动体的形状	球轴承	滚动体为球形
	滚子轴承	滚动体为滚子（圆柱滚子、圆锥滚子、滚针等）

为了便于在机器中安装轴承和更换新轴承，滚动轴承作为标准部件具有两种互换性，滚动轴承内圈与轴颈的配合及滚动轴承外圈与壳体的配合为外互换，滚动体与轴承内外圈的配合为内互换。

6.1.2　滚动轴承的精度等级

滚动轴承的精度等级由轴承的基本尺寸精度和旋转精度决定。轴承的基本尺寸精度是指轴承内径 d、外径 D、宽度 B 等的尺寸精度，如图 6-2 所示。旋转精度是指轴承内、外圈做相对转动时跳动的程度，包括成套轴承内外圈的径向跳动，成套轴承内外圈端面对滚道的跳动，内圈基准端面对内孔的跳动等，如图 6-3 所示。

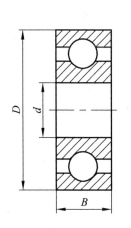

图 6-2　滚动轴承基本尺寸

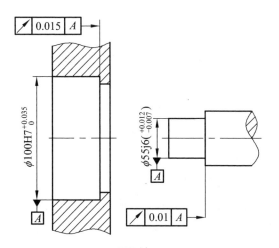

图 6-3　滚动轴承的旋转精度

国家标准 GB/T307.3—2005《滚动轴承通用技术规则》规定，滚动轴承的精度等级按基本尺寸精度和旋转精度分为 0、6、5、4、2 五级，它们依次由低到高，0 级最低，2 级最高。其中，向心轴承的精度等级为 0、6、5、4、2 五级；圆锥滚子轴承的精度等级为 0、6X、5、4、2 五级；推力轴承的精度等级为 0、6、5、4 四级。

6X 和 6 级轴承的内径公差、外径公差和径向跳动公差均分别相同，前者装配宽度要求较为严格。各公差等级的滚动轴承的应用如表 6-3 所示。

表 6-3　滚动轴承的应用

轴承公差等级	应　　用
0 级（普通级）	用在中等负荷、中等转速、旋转精度要求不高的一般机构中，如普通机床中的变速机构、普通电动机、水泵、压缩机等旋转机构中所用的轴承。这级轴承在机械制造行业中应用数量较多
6 级、6X 级（中级） 5 级（较高级）	用于旋转精度和转速高的机构中，如普通机床的主轴轴承（一般为主轴后轴承）、精密机床传动轴使用的轴承
4 级（高级）	用于旋转精度高、转速高的旋转机构中，如精密机床的主轴轴承、精密仪器和机械使用的轴承
2 级（精密级）	用于旋转精度和转速很高的旋转机构中，如坐标镗床的主轴轴承、高精度仪器和高转速机构中使用的轴承

6.1.3　滚动轴承及其与孔、轴结合的公差与配合

1. 滚动轴承内、外径公差带及其特点

滚动轴承是标准件，其内圈与轴颈的配合采用基孔制，外圈与壳体孔的配合采用基轴制。多数情况下，轴承内圈与轴一起旋转，为了防止内圈和轴颈的配合面相对滑动而产生磨损，要求配合具有一定的过盈，但由于内圈是薄壁零件，过盈量不能太大。过盈较大，则会使薄壁的内圈产生较大的变形，影响轴承内部的游隙大小。因此，国家标准规定：轴承内圈基准孔公差带位于以轴承内径（d）为零线的下方，且上偏差为零，如图 6-4 所示。这种特殊的基准孔公差带不同于 GB/T 1800.2—2009 中基本偏差代号为 H 的基准孔公差带。当轴承内圈与基本偏差代号为 k、m、n 等的轴颈配合时形成了具有小过盈的配合，而不是过渡配合，比 GB/T 1801—2009 中形成的同名配合性质稍紧。

轴承外圈安装在壳体孔中，通常不能旋转。工作时温度升高，会使轴膨胀，两端轴承中应有一端是游动支承，因此，可以把轴承外圈与壳体孔的配合稍微松一点，使之能补偿轴的热胀伸长。因此，国家标准规定：轴承外圈外圆柱面公差带位于以轴承外径（D）为零线的下方，且上偏差为零，如图 6-4 所示。该公差带的基本偏差与一般基轴制配合的基准

轴的公差带的基本偏差 h 相同，但这两种公差带的公差数值不相同，因此，壳体孔公差带从 GB/T 1804—2009 中选取，它们与轴承外圈外圆柱面公差带形成配合，基本上保持了 GB/T 1801—2009 同名配合的配合性质。

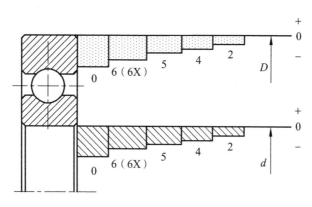

图 6-4　滚动轴承内、外圈公差带

2. **滚动轴承与孔、轴结合的公差带**

轴承的内、外圈都是薄壁零件，在制造和自由状态下都容易变形，在装配后又得到校正。根据这种特点，国家标准对滚动轴承公差不仅规定了两种尺寸公差，还规定了两种形状公差，如表 6-4 所示。其目的是控制轴承的变形程度、轴承与轴和壳体孔配合的尺寸精度。

表 6-4　滚动轴承内、外径公差项目

公差项目	符　号
尺寸公差	轴承单一内径（d_s）与外径（D_s）的偏差（Δd_s，ΔD_s）
	轴承单一平面平均内径（d_{mp}）与外径（D_{mp}）的偏差（Δd_{mp}，ΔD_{mp}）
形状公差	轴承单一径向平面内，内径（d_s）与外径（D_s）的变动量（Vd_p，VD_p）
	轴承平均内径与外径的变动量（Vd_{mp}，VD_{mp}）

凡是合格的滚动轴承，应同时满足所规定两种公差的要求。

由于滚动轴承内圈内径和外圈外径的公差带在生产轴承时就已经确定，因此在使用轴承时，它与轴颈和壳体孔的配合面间所要求的配合性质分别由轴颈和壳体孔的公差带确定。为了实现各种松紧程度的配合性质要求，GB/T 275—2015 规定了 0 级和 6 级轴承与轴颈和壳体孔配合时轴颈和壳体孔常用的公差带：对轴颈规定了 17 种公差带，如图 6-5 所示；对壳体孔规定了 16 种公差带，如图 6-6 所示。

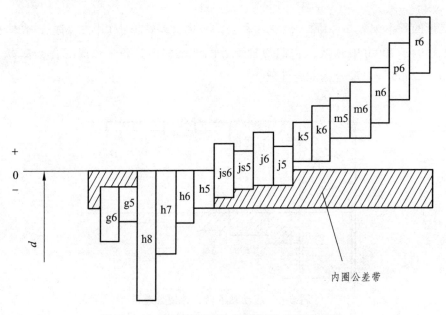

图 6-5　与滚动轴承配合的轴颈的常用公差带

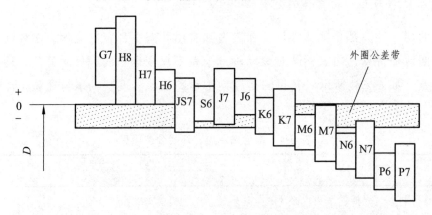

图 6-6　与滚动轴承配合的壳体孔的常用公差带

由公差带可以看出,轴承内圈与轴颈的配合与 GB/T 1801—2009 中基孔制同名配合相比,前者的配合性质偏紧。h5、h6、h7、h8 轴颈与轴承内圈的配合为过渡配合,k5、k6、m5、m6、n6 轴颈与轴承内圈配合为过盈较小的过盈配合,其余配合也有所偏紧。

轴承外圈与外壳孔的配合与 GB/T 1801—2009 中基轴制同名配合相比较,两者配合基本一致。

6.1.4　滚动轴承与孔、轴结合的配合选用

正确地选用滚动轴承与孔、轴的配合,对保证机器正常运转,提高轴承寿命,充分发挥轴承的承载能力关系很大。在选用滚动轴承时,应根据轴承的工作条件(作用在轴承上的负荷类型、大小)确定轴承与孔、轴结合的公差带,还应考虑工作温度、轴承类型和尺寸、旋转精度和速度等一系列因素。

1. 轴颈和壳体孔公差带的确定

选用轴颈和壳体孔的公差等级应与滚动轴承公差等级相协调，与0、6级轴承配合的轴颈一般为IT6，壳体孔为IT7。对旋转精度和运行平稳性有较高要求的工作条件，轴颈为IT5，壳体孔为IT6。确定轴颈和壳体孔的公差带分别根据表 6-5 和表 6-6 进行选取。

表 6-5　与向心轴承配合的轴颈公差带

运转状态		负荷状态	深沟球轴承、调心轴承和角接触轴承	圆柱滚子轴承和圆锥滚子轴承	调心滚子轴承	公差带
说明	举例		轴承公称内径/mm			
旋转的内圈负荷及摆动负荷	一般通用机械、电动机、机床主轴、齿轮传动装置等	轻负荷	≤18 >18～100 >100～200 —	— ≤18 >40～140 >140～200	— ≤40 >40～140 >140～200	h5 j6 k6 m6
		正常负荷	≤18 >18～100 >100～140 >140～200 >200～280 — —	— ≤40 >40～100 >100～140 >140～200 >200～400 —	— ≤40 >40～65 >65～100 >100～140 >140～280 >280～500	j5，js5 k5 m5 m6 n6 p6 r6
		重负荷	— — — —	>50～140 >140～200 >200 —	>50～100 >100～140 >140～200 >200	n6 p6 r6 r7
固定的内圈负荷	静止轴上的各种轮子、振动器等	所有负荷	所有尺寸			f6 g6 h6 j6
仅有轴向负荷			所有尺寸			j6，js6

注：对精度要求较高的场合，应该选用 j5、k5、m5、f5 来代替 j6、k6、m6、f6。

表 6-6　与向心轴承配合的壳体孔公差带

运转状态		负荷状态	其他状况	公差带	
说明	举例			球轴承	滚子轴承
固定的外圈负荷	一般机械、电动机、泵、曲轴主轴等	轻、正常、重负荷	轴向容易移动	轴处于高温下工作	G7	
				采用剖分式外壳	H7	
		冲击负荷	轴向能移动，采用整体式或剖分式外壳	J7、JS7	
摆动负荷		轻、正常负荷			
		正常、重负荷		K7	
		冲击负荷		M7	
旋转的外圈负荷	张紧滑轮、轮毂轴承	轻负荷	轴向不移动，采用整体式外壳	J7	K7
		正常负荷		K7、M7	M7、N7
		重负荷		—	N7、P7

- 133 -

2. 负荷类型

轴承转动时，根据作用于轴承上合成径向负荷相对套圈的旋转情况，可将所受负荷分为局部负荷、循环负荷和摆动负荷三类，如图6-7所示。

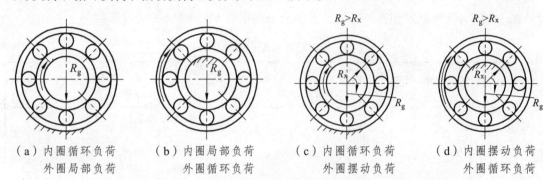

（a）内圈循环负荷　　　（b）内圈局部负荷　　　（c）内圈循环负荷　　　（d）内圈摆动负荷
　　外圈局部负荷　　　　　外圈循环负荷　　　　　外圈摆动负荷　　　　　外圈循环负荷

图6-7　滚动轴承套圈承受的负荷类型

R_g—大小和方向均固定的径向符合；R_x—旋转的径向负荷

（1）局部负荷。作用于轴承上的合成径向负荷与圈套相对静止，即负荷方向始终不变地作用在套圈滚道的局部区域上，该套圈所承受的这种负荷称为局部负荷。当套圈承受局部负荷时，应选用间隙配合。

（2）循环负荷。作用于轴承上的合成径向负荷与套圈相对旋转，即合成径向负荷顺次地作用在套圈滚道的整个圆周上，该套圈所能承受的这种负荷性质称为循环负荷。当套圈承受循环负荷时，应选用过盈配合或过渡配合。

（3）摆动负荷。作用于轴承上的合成径向负荷与所承受的套圈在一定区域内相对摆动，即其负荷向量经常变动地作用在套圈滚道的局部圆周上，该套圈所承受的负荷性质称为摆动负荷。当套圈承受摆动负荷时，应选用过盈配合或过渡配合。

3. 负荷的大小

滚动轴承套圈与轴或壳体孔配合的松紧程度取决于负荷的大小。国家标准 GB/T 275—2015 规定：向心轴承按其径向当量动负荷 P_r 与径向额定动负荷 C_r 的比值将负荷状态分为轻负荷、正常负荷和重负荷三类，如表6-7所示。

表6-7　向心轴承负荷状态分类

负荷状态	轻负荷	正常负荷	重负荷
P_r/C_r	≤0.07	>0.07～0.15	>0.15

承受较重的负荷或冲击负荷时，将引起轴承较大的变形，使结合面间实际过盈减小和轴承内部的实际间隙增大，这时为了使轴承运转正常，应选较大的过盈配合。同理，承受较轻的负荷，可选用较小的过盈配合。

4. 工作温度

轴承工作时，由于摩擦发热和其他热源影响，套圈的温度会高于相配合零件的温度。内圈的热膨胀会引起它与轴颈配合的松动，而外圈的热膨胀则会引起它与壳体孔配合变紧。因此，轴承工作温度一般应低于 100 ℃，在高于此温度中工作的轴承，应将所选用的配合适当修正。

5. 旋转精度和转速

对于负荷较大、有较高旋转精度要求的轴承，为了消除弹性变形和振动的影响，应避免采用间隙配合。对于精密机床的轻负荷轴承，为避免孔与轴的形状误差对轴承精度影响，常采用较小的间隙配合。例如，内圆磨床磨头处的轴承，其内圈间隙为 $1 \sim 4 \, \mu m$，外圆间隙为 $4 \sim 10 \, \mu m$。对于转速较高，又在冲击振动负荷下工作的轴承，与轴颈和壳体孔的配合最好选用过盈配合。

6. 其他因素

空心轴颈比实心轴颈、薄壁壳体比厚壁壳体、轻合金壳体比钢或铸铁壳体采用的配合要紧些；剖分式壳体比整体式壳体采用的配合要松些，以避免过盈将轴承外圈夹扁，甚至将轴卡住。对于 K7（包括 K7）的配合或壳体孔的标准公差小于 IT6 时，应选用整体式壳体。

滚动轴承的尺寸越大，选取的配合应越紧。但对于重型机械上使用的特别大尺寸的轴承，应采用较松的配合。为了便于安装、拆卸，特别对于重型机械，宜采用较松的配合。如果要求拆卸，而又要用较紧配合时，可采用分离型轴承或内圈带锥孔和紧定套或退卸套的轴承。当要求轴承的内圈或外圈能沿轴向游动时，该内圈与轴或外圈与壳体孔的配合，应选较松的配合。

7. 形位公差及表面粗糙度

滚动轴承的内、外圈都是薄壁零件，其径向刚度较差，易受径向负荷而产生变形，最终影响旋转精度。因此，轴颈和壳体孔应采用包容要求。为了防止套圈装配后产生变形，对轴颈和壳体孔规定了圆柱度公差和端面圆跳动公差，如表 6-8 所示。此外，对表面粗糙度也做了规定，如表 6-9 所示。

表 6-8　轴颈和壳体孔的形位公差

基本尺寸/mm		圆柱度 t				端面圆跳动 t_1			
		轴颈		外壳孔		轴肩		外壳孔肩	
		轴承公差等级							
		0	6（6X）	0	6（6X）	0	6（6X）	0	6（6X）
超过	到	公差值/μm							
—	6	2.5	1.5	4	2.5	5	3	8	5
6	10	2.5	1.5	4	2.5	6	4	10	6
10	18	3.0	2.0	5	3.0	8	5	12	8
18	30	4.0	2.5	6	4.0	10	6	15	10
30	50	4.0	2.5	7	4.0	12	8	20	12
50	80	5.0	3.0	8	5.0	15	10	25	15
80	120	6.0	4.0	10	6.0	15	10	25	15
120	180	8.0	5.0	12	8.0	20	12	30	20
180	250	10.0	7.0	14	10.0	20	12	30	20
250	315	12.0	8.0	16	12.0	25	15	40	25
315	400	13.0	9.0	18	13.0	25	15	40	25
400	500	15.0	10.0	20	15.0	25	15	40	25

表 6-9　轴颈和壳体孔的表面粗糙度

与轴承配合的轴或座孔直径/mm		与轴承配合的轴或座孔配合表面直径尺寸公差等级								
		IT7			IT6			IT5		
		表面粗糙度值/µm								
超过	到	Ra	Ra		Ra	Ra		Ra	Ra	
			磨	车		磨	车		磨	车
—	80	10	1.6	3.2	6.3	0.8	1.6	3.2	0.4	0.8
80	500	16	1.6	3.2	10	1.6	3.2	6.3	0.8	1.6
端面		25	3.2	6.3	25	3.2	6.3	10	1.6	3.2

【工程实例 6-1】如图 6-8 所示的减速器装配图,已知该减速器的输出轴两端安装了 6211 深沟球轴承,轴承承受的当量径向负荷 $P_r = 2\ 880$ N。轴颈直径 $d = 55$ mm,外壳孔径 $D = 100$ mm。确定轴颈和壳体孔的公差带代号(查表确定尺寸极限偏差)、形位公差值和表面粗糙度,并在装配图和零件图上标出。

【解】减速器属于一般传动机械,轴的转速不高,所以选用 0 级轴承。

负荷类型:减速器中的齿轮啮合力的径向分力和输出轴另一端负载作用在输出轴上,两端轴承位有反作用力。因此,轴承内圈和轴颈承受定向、静止的径向负荷。内圈和轴一起旋转;外圈安装在剖分式箱体孔中,不旋转。轴承在输出轴上轴向不能移动。因此,内圈相对于负荷方向旋转,承受循环负荷,因此配合应紧一些。外圈静止,所以外圈相对负荷静止,承受局部负荷,配合应松一些。

负荷大小:6211 球轴承的额定动负荷可查《机械工程手册》$C_r = 333\ 54$ N。由已知条件可得:$P_r/C_r = 0.086$,其中"$0.07 < P_r/C_r \leqslant 0.15$",故轴承的负荷大小属于正常负荷。

轴颈与壳体孔的尺寸公差带在 GB/T 275—2015《滚动轴承 配合》规定中选取。

根据工作条件:内圈承受循环负荷、正常负荷、深沟球轴承、直径 55 mm,初选 $\phi55K5$;轴承精度 0 级,轴颈尺寸公差带应选择为 $\phi55K6$。

根据工作条件:外圈承受局部负荷、正常负荷、轴承在轴向不能移动、剖分式外壳,可供选择公差带 H7、J7、K7,轴承精度 0 级,壳体孔尺寸公差带应选择为 $\phi100J7$。

在装配图上标出配合带号,如图 6-8 所示。

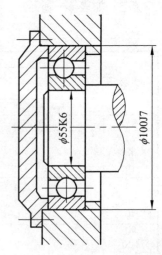

轴承精度 0 级,在 GB/T 275—2015《滚动轴承配合》中,查得轴颈圆柱度公差为 0.005 mm,轴肩端面圆跳动公差为 0.015 mm,壳体孔圆柱度公差为 0.010 mm。

轴颈和壳体孔尺寸公差应用包容要求,即 $\phi55^{+0.021}_{+0.002}$ Ⓔ、$\phi100^{+0.022}_{+0.013}$ Ⓔ。

按表 6-9 选取轴颈和壳体孔的表面粗糙度参数值:轴颈 $Ra \leqslant$ 1.6 µm,壳体孔 $Ra \leqslant 3.2$ µm。表 6-9 中推荐:轴肩端面 $Ra \leqslant 6.3$ µm,

图 6-8　减速器局部装配图

此处与轴承接触，考虑到与轴颈表面精度协调，推荐选用 $Ra \leqslant 3.2\ \mu m$。

将上述选取的结果标注在样图上，如图 6-9 和图 6-10 所示。

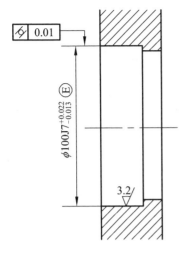

图 6-9　减速器输出轴壳体孔局部样图

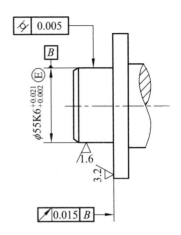

图 6-10　减速器输出轴端局部样图

6.2　键与花键联接的精度设计

6.2.1　概　述

1. 键联接的用途

键联接是在机械产品中应用广泛的可拆卸的机械联接结构，通常用于轴与轴上零件（如齿轮、带轮、联轴器等）之间的联接，用以传递运动和扭矩，如图 6-11 所示。必要时，配合件之间还可以有轴向相对运动（如变速箱中的滑移齿轮可以沿花键轴向移动），在轴向传动零件中起导向作用，如图 6-12 所示。

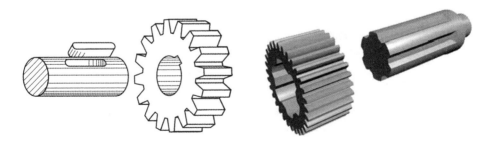

图 6-11　平键联接　　　　　　　　图 6-12　花键联接

2. 键联接的分类

键联接根据其结构形式和功能要求不同，可分为单键联接和花键联接两大类。单键联接中，以普通平键和半圆键应用最为广泛，各种单键的结构如表 6-10 所示。花键联接按其键齿形状分为矩形花键、渐开线花键和三角形花键三种，其结构如表 6-11 所示，其中矩形花键在生产中应用广泛。

表 6-10　单键的结构

类　型		结构示意图	特　点	
平键	普通平键	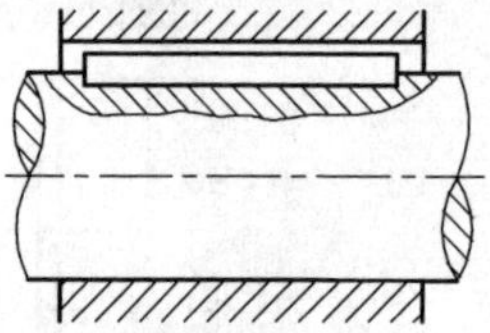	键两侧与键槽相配合（静联接为过渡配合，动联接为间隙配合），上端面与轮毂键槽底面有间隙。两侧面是工作面，靠键两侧面与键槽的挤压传递转矩。结构简单，装拆方便，加工容易，对中性好，承载能力大，作用可靠，多用于高精度联接。但只能圆周固定，不能承受轴向力	用于静联接
	导向平键	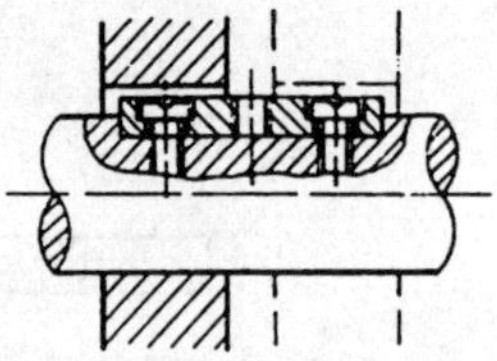		导向平键用螺钉固定在轴槽中，轴上零件能沿键做轴向滑移，用于短距离动联接
	滑键	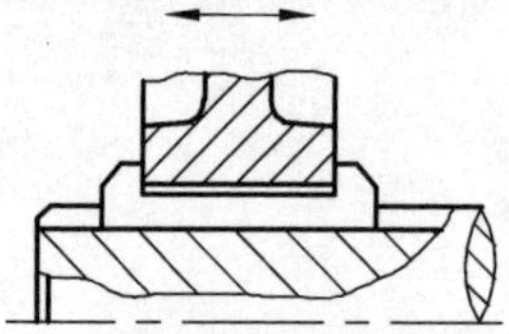		用于长距离动联接
半圆键		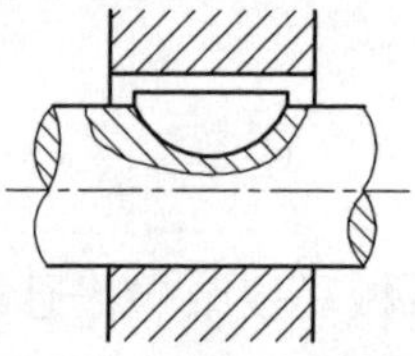	键为半圆板，键两侧与键槽配合，键上端面与轮毂键槽底面有间隙，键在轴上键槽中能绕其圆心转动。便于安装，对中好，锥形轴与轮毂联接，但轴槽较深，对轴的强度削弱大，只用于轻载联接	
楔键	普通平键	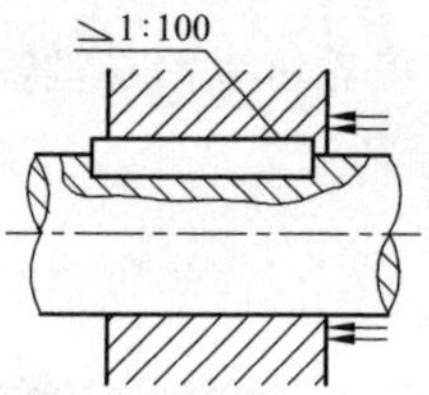	楔键的上、下表面为工作面，有 1:100 的斜度（侧面有间隙），工作时打紧，靠上下面摩擦传递扭矩，能承受一定的单向轴向载荷	由于楔键打入时，使轴和轮毂产生偏心，故用于定心精度不高、载荷平稳和低速场合
	钩头楔键	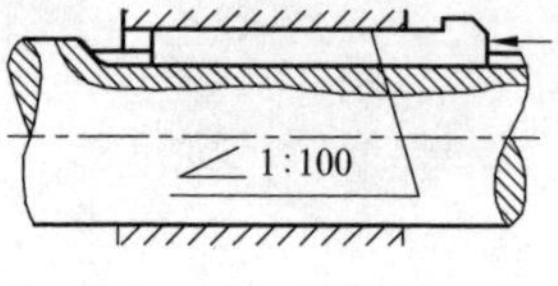		钩头只用于轴端联接，如在中间用键槽，应比键长 2 倍才能装入，且要用安全罩，可实现轮毂在轴上单向轴向固定
切向键		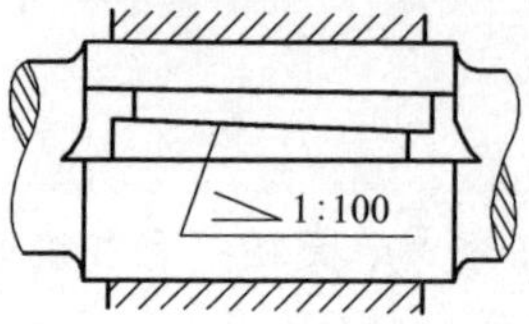	两个斜度为 1:100 的普通楔键组成，上、下两面为工作面（打入）布置在圆周的切向，靠工作面与轴及轮毂相挤压来传递扭矩，能传递很大的转矩	

表 6-11 花键联接

矩形花键	渐开线花键	三角形花键

花键联接与平键联接相比有如下特点：

（1）花键与轴或孔为一整体，强度高，负荷分布均匀，可传递较大的扭矩；

（2）花键联接可靠，导向精度高，定心性好，易达到较高的同轴度要求；

（3）花键的加工制造比单键复杂，其成本比较高。

6.2.2 单键联接的公差与配合

单键联接中以普通平键联接应用广泛，普通平键联接由键、轴键槽和轮毂键槽三部分组成，如图 6-13 所示。b 为键宽，d 为轴和轮毂的公称直径，键长为 L，键高为 h，t_1 和 t_2 为轴键槽的深度和轮毂键槽深度，国家标准 GB/T 1095—2003《平键 键槽的剖面尺寸》对普通平键、键槽剖面尺寸及键槽公差做了规定，如表 6-12 所示。

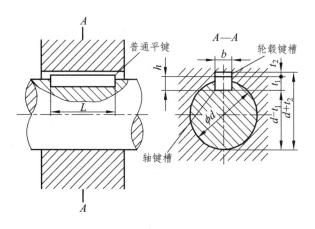

图 6-13 普通平键和键槽的尺寸

表 6-12　普通平键、键槽剖面尺寸及键槽公差　　　　　　mm

轴 基本尺寸 d	键 键尺寸 $b×h$	键槽 宽度 b 基本尺寸	较松联接 轴 H9	较松联接 毂 D10	正常联接 轴 N9	正常联接 毂 JS9	紧密联接 轴和毂 P9	深度 轴 t_1 基本尺寸	轴 t_1 极限偏差	深度 毂 t_2 基本尺寸	毂 t_2 极限偏差	半径 r min	半径 r max
>10~12	4×4	4	+0.0300 0	+0.078 +0.030	0 −0.030	±0.015	−0.012 −0.042	2.5	+0.1 0	1.8	+0.1 0	0.08	0.16
>12~17	5×5	5						3.0		2.3			
>17~22	6×6	6						3.5		2.8		0.16	0.25
>22~30	8×7	8	+0.036 0	+0.098 +0.040	0 −0.036	±0.018	−0.015 −0.051	4.0		3.3			
>30~38	10×8	10						5.0		3.3			
>38~44	12×8	12	+0.043 0	+0.120 +0050	0 −0.043	±0.021	−0.018 −0.061	5.0		3.3			
>44~50	14×9	14						5.5		3.8		0.25	0.40
>50~58	16×10	16						6.0	+0.2 0	4.3	+0.2 0		
>58~65	18×11	18						7.0		4.4			
>65~75	20×12	20	+0.052 0	+0.149 +0.065	0 −0.052	±0.026	−0.022 −0.074	7.5		4.9			
>75~85	22×14	22						9.0		5.4		4.10	0.60
>85~95	25×14	25						9.0		5.4			
>95~110	28×16	28						10.0		6.4			

注：$(d-t_1)$ 和 $(d+t_2)$ 两组尺寸的极限偏差按相应的 t_1 和 t_2 的极限偏差选取，但 $(d-t_1)$ 极限偏差值应取负号（ − ）。

普通平键联接通过键的侧面、轴键槽和轮毂键槽的侧面相互接触来传递扭矩，键的顶部表面与轮毂键槽的底部表面之间留有一定的间隙。因此在普通平键联接中，键和轴键槽、轮毂槽的宽度 b 是配合尺寸，而键的高度 h 和长度 L 均是非配合尺寸。

1. 配合尺寸的公差与配合

普通平键联接中，键宽 b 是主要配合尺寸，其尺寸与公差如表 6-13 所示。

表 6-13　普通平键的尺寸与公差　　　　　　mm

	基本尺寸	4	5	6	8	10	12	14	16	18	20	22	25	28
宽度 b	极限偏差（h8）	0, −0.018			0, −0.022		0, −0.027				0, −0.033			
	基本尺寸	4	5	6	7	8	9	10	11		12	14	16	
高度 h	极限偏差 矩形（h11）	0, −0.075			0, −0.090						0, −0.110			
	方形（h8）	0, −0.018			0, −0.022						0, −0.027			

键为标准件，键联接的配合表面是单一尺寸形成的内外表面，因此键与键槽宽 b 的配合采用基轴制，国家标准 GB/T 1095—2003《平键 键槽的剖面尺寸》规定键和键槽宽度公差带均从 GB/T 1801—2009《极限与配合公差带和配合选择》中选取。对键宽（b）规定了一种公差带，代号为 h8；对轴键槽宽（b）规定了三种公差带，代号为 H9、N9、P9；对轮毂键槽宽（b）规定了三种公差带，代号为 D10、JS9、P9。键宽和键槽宽的公差带如图 6-14 所示。它们分别构成了松联接、正常联接和紧密联接三组不同的配合，其应用如表 6-14 所示。

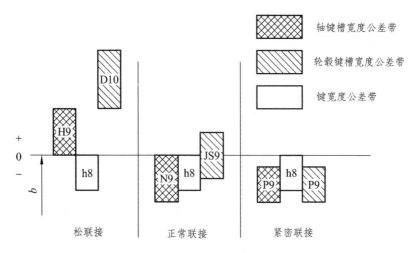

图 6-14　普通平键宽度和键槽宽度 b 的公差带

表 6-14　普通平键联接的三类配合及其应用

配合种类	宽度（b）的公差带			应　　用
	键	轴键槽	轮毂键槽	
松联接	h8	H9	D10	导向平键，轮毂在轴上移动
正常联接		N9	JS9	键在轴键槽和轮毂键槽中均固定，用于载荷不大的场合
紧密联接		P9	P9	键在轴键槽和轮毂键槽均牢固地固定，用于载荷较大、有冲击和双向转矩的场合

2. 非配合尺寸的公差

国家标准对键联接中的非配合尺寸也规定了相应的公差带，普通平键高度 h 的公差带一般采用 h11，公差值如表 6-13 所示。平键长度 L 的公差带一般采用 h14；轴键槽长度 L 的公差带采用 H14。

为了保证键联接的装配质量，国家标准对键和键槽规定了相应的形位公差要求。

（1）轴键槽对轴的轴线和轮毂键槽对孔的轴线的对称度公差。

根据不同的功能要求，该对称度公差与键槽宽公差的关系以及与孔、轴尺寸公差关系可以采用独立原则或最大实体原则，如图 6-15 所示。轴键槽和轮毂键槽的对称度公差按 GB/T 1184—1996《形状和位置公差 未注公差值》选取对称度公差 7~9 级。

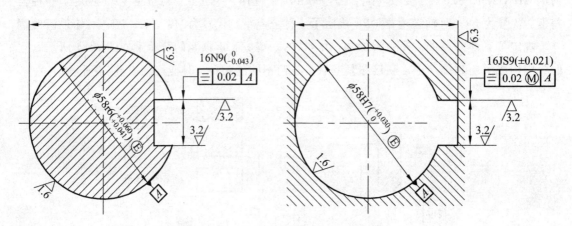

图 6-15 轴键槽和轮毂键槽的标注

（2）键的两个配合侧面的平行度公差。

当键长宽比 $L/b \geqslant 8$ 时，键两侧面的平行度应按 GB/T 1184—1996 进行选取；当 $b \leqslant 6$ mm 时，按 7 级选取；当 $b \geqslant 8 \sim 36$ mm 时，按 6 级选取；当 $b \geqslant 40$ mm 时，按 5 级选取。

轴键槽、轮毂键槽宽 b 两侧面的表面粗糙度参数 Ra 的最大值为 1.6 ~ 3.2 μm。轴键槽和轮毂键槽底面的表面粗糙度参数为 Ra 6.3 ~ 12.5 μm，如图 6-15 所示。

【工程实例 6-2】已知如图 6-16 所示的齿轮减速器输出轴与齿轮配合 ϕ60H7/r6，采用普通平键联接传递扭矩，齿轮宽度 $B = 63$ mm，选择平键的规格，确定键槽的相应尺寸及其极限偏差、形位公差和表面粗糙度，并标注在样图上。

【解】查表 6-12 得键宽 $b = 18$ mm，可选择平键 $b \times h = 18$ mm × 11 mm。

齿轮宽度 $B = 63$ mm，可选择键长 $L = 53$ mm。

输出轴轴颈 $d = \phi 60$ mm，该处键联接属于正常联接，查表 6-14，轴键槽选用 N9，轮毂槽选用 JS9。

查表 6-12，轴槽宽为 $18N_{-0.043}^{0}$ mm，轮毂槽宽为 $(18JS \pm 0.021)$ mm

轴槽深 $t_1 = 7_{0}^{+0.2}$ mm，轮毂槽深 $t_2 = 4.4_{0}^{+0.2}$ mm。

为便于测量，保证精度，在图样上标注键槽深度尺寸：

$d - t_1 = 53_{-0.2}^{0}$ mm， $d + t_2 = 64.4_{0}^{+0.2}$ mm

根据一般要求，键槽的对称度公差等级为 8 级，查表得公差值为 0.02 mm。

选择键槽各部位的表面粗糙度要求：

键槽工作表面 $Ra = 3.2$ μm，槽底面和槽顶面 $Ra = 12.5$ μm。

将选择结果标注在样图上，如图 6-16 所示。

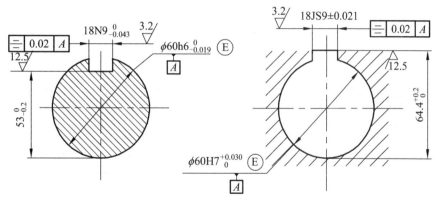

图 6-16 样图标注

6.2.3 矩形花键联接的公差与配合

矩形花键的每一个键的两侧是平行的，主要配合尺寸有大径 D、小径 d 和键宽 B，如图 6-17 所示。国家标准 GB/T 1144—2001《矩形花键尺寸、公差和检验》规定矩形花键的键数 N 为偶数，分别为 6、8、10 三种，沿圆周均匀分布，便于加工和检测。根据工作载荷不同，矩形花键分为轻、中两个系列，轻系列键高尺寸较小，承载能力较低；中系列键高尺寸较大，承载能力较强。矩形花键的基本尺寸系列如表 6-15 所示。

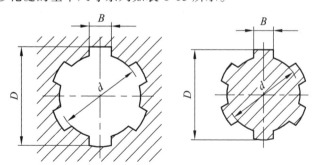

图 6-17 矩形花键的几何参数

表 6-15 矩形花键的基本尺寸系列

小径 d/mm	轻系列				中系列			
	规 格 $N\times d\times D\times B$	键数 N	大径 D /mm	键宽 B /mm	规 格 $N\times d\times D\times B$	键数 N	大径 D /mm	键宽 B /mm
11					$6\times11\times14\times3$		14	3
13					$6\times13\times16\times3.5$		16	3.5
16	—	—	—	—	$6\times16\times20\times4$		20	4
18					$6\times18\times22\times5$		22	5
21					$6\times21\times25\times5$	6	25	5
23	$6\times23\times26\times6$		26	6	$6\times23\times28\times6$		28	6
26	$6\times26\times30\times6$	6	30	6	$6\times26\times32\times6$		32	6
28	$6\times28\times32\times7$		32	7	$6\times28\times34\times7$		34	7

- 143 -

小径 d/mm	轻系列				中系列			
	规格 N×d×D×B	键数 N	大径 D/mm	键宽 B/mm	规格 N×d×D×B	键数 N	大径 D/mm	键宽 B/mm
32	8×32×36×6		36	6	8×32×38×6		38	6
36	8×36×40×7		40	7	8×36×42×7		42	7
42	8×42×46×8		46	8	8×42×48×8		48	8
46	8×46×50×9	8	50	9	8×46×54×9	8	54	9
52	8×52×58×10		58	10	8×52×60×10		60	10
56	8×56×62×10		62	10	8×56×65×12		65	12
62	8×62×68×12		68	12	8×62×72×12		72	12
72	10×72×78×12		78	12	10×72×82×12		82	12
82	10×82×88×12		88	12	10×82×92×12		92	12
92	10×92×98×14	10	98	14	10×92×102×14	10	102	14
102	10×102×108×16		108	16	10×120×112×16		112	16
112	10×112×120×18		120	18	10×112×125×18		125	18

矩形花键联接的三个主要配合尺寸同时参与配合，根据使用要求确定三者的公差与配合性。要使大径 D、小径 d 和键宽 B 都同时配合得很精确是很困难的，而且也不必要。根据不同的使用要求，花键的三个结合面中，只能选取其中一个结合面为主来确定内、外花键的配合性质，确定配合性质的表面称为定心表面。每个结合面都可以作为定心表面，因此，矩形花键结合面有三种定心方式：小径 d 定心、大径 D 定心和键宽（键侧）B 定心，如表 6-16 所示。

表 6-16　矩形花键定心方式

大径 D 定心	小径 d 定心	键宽（键侧）B 定心

1. 矩形花键联接的定心方式

采用大径定心，内花键定心表面的精度依靠拉刀保证。当内花键定心表面硬度要求高（40HRC 以上）时，热处理后的变形难以用拉刀修正；当内花键定心表面粗糙度要求高

（$Ra<0.36\,\mu m$）时，用拉削工艺也难以保证；拉削加工后的花键孔要求硬度较高时，热处理后花键孔变形就很难用拉刀来修正；此外，对于定心精度和表面粗糙度要求较高的花键，拉削工艺也很难保证加工的质量要求。在单件、小批量生产及大规格花键中，内花键也难以用拉削工艺，采用大径定心的加工方法不经济。

采用小径定心，热处理后的花键孔小径的变形量可以通过内圆磨削进行修复，使其具有较高的尺寸精度和更小的表面粗糙度；同时，花键轴（外花键）的小径也可通过成形磨削，达到所要求的精度。为了保证花键联接具有较高的定心精度、较好的定心稳定性、较长的使用寿命，国家标准 GB/T 1144—2001 规定了花键联接采用小径定心，非定心的大径表面公差等级较低，并有相当大的间隙，保证它们不接触。

键和键槽的侧面，无论其作为定心表面与否，因为传递扭矩和导向作用，所以键宽与键槽宽 B 的尺寸都应有足够的精度。

2. 矩形花键的公差与配合

国家标准 GB/T 1144—2001 规定，矩形花键的配合采用基孔制，其目的是减少加工和测量内花键用的定值刀具和量具的规格，降低成本。内、外花键的小径、大径和键与键槽宽度相应配合面采用基孔制，即内花键各尺寸的基本偏差不变，通过改变外花键各尺寸的基本偏差来形成不同松紧要求的配合性质。矩形花键的公差与配合按配合精度高低分为一般用和精密传动用两种花键联接，其公差配合如表 6-17 所示。

表 6-17　内、外花键的尺寸公差配合

内花键				外花键			装配形式
d	D	B		d	D	B	
		拉削后不热处理	拉削后热处理				
一般用（一般级别）							
H7	H10	H9	H11	f7	a11	d10	滑动
				g7		f9	紧滑动
				h7		h10	固定
精密传动用（精密级别）							
H6	H10	H7、H9		f6	a11	d8	滑动
				g6		f7	紧滑动
				h6		h8	固定
H5				f5		d8	滑动
				g5		f7	紧滑动
				h5		h8	固定

注：① 精密传动用的内花键，当需要控制键侧配合间隙时，槽宽可选 H7，一般情况下可选 H9。
　　② d 为 H6 和 H7 的内花键，允许与提高一级的外花键配合。

对于一般用内花键，硬度要求不高，可以不进行热处理，公差带规定为 H9。对于需要进行热处理且不需要校正的硬度高的内花键，公差带规定为 H11。各种配合的公差带如图 6-18 所示。

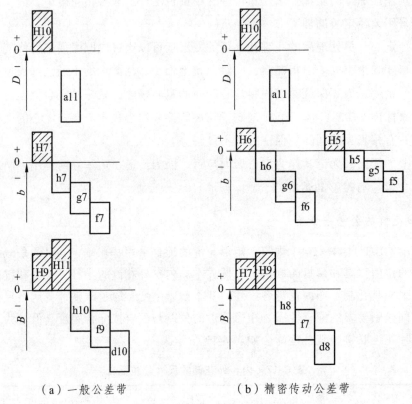

（a）一般公差带　　　　　　　（b）精密传动公差带

图 6-18　矩形花键配合公差带

国家标准规定矩形花键的配合形式有滑动、紧滑动和固定三种。滑动联接的间隙最大，紧滑动联接次之，这两种在工作过程中，既可传递扭矩，又可以沿花键轴做轴向移动。固定联接的间隙最小，在轴上固定不动，只用来传递扭矩。选择配合精度时，主要依据花键的使用场合，花键配合的定心精度要求越高、传递扭矩越大时，花键应选用较高的公差等级。常见汽车、拖拉机变速箱中多采用一般级别的花键；精密机床变速箱中多采用精密级别的花键。矩形花键小径配合应用的推荐如表 6-18 所示。

表 6-18　矩形花键小径配合应用的推荐

应用	固定联接		滑动联接	
	配合	特征及应用	配合	特征及应用
精密传动	H5/h5	紧固程度较高，传递大转矩	H5/f5	滑动程度较低，定心精度高，传递大转矩
	H6/h6	传递中等转矩	H6/f6	滑动程度中等，定心精度较高，传递中等转矩
一般传动	H7/h7	紧固程度较低，传递转矩较小，可经常拆卸	H7/f7	移动频率高，移动长度大，定心精度低

3. 矩形花键的形位公差和表面粗糙度

内、外花键加工时，不可避免地产生形位误差。为了避免装配困难，并且使键侧和键槽侧的受力均匀，应控制花键的形位误差，包括小径 d 的形位公差和花键的位置度公差等。

（1）小径 d 的极限尺寸应遵守包容要求。

为了保证内、外花键小径定心表面的配合性质，GB/T 1144—2001 规定了该表面的形状公差与尺寸公差的关系采用包容要求，即当小径 d 的实际尺寸处于最大实际状态时，它必须具有理想形状，只有当小径 d 的实际尺寸偏离最大实体状态时，才允许有形状误差，如图 6-19所示。

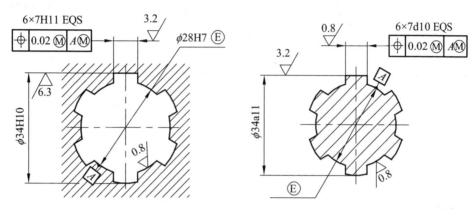

图 6-19 位置度公差标注

（2）花键的位置度公差遵守最大实体要求。

花键的位置度公差综合控制花键各键之间的角位置、各键对轴线的对称度误差以及各键对轴线的平行度误差等。位置度公差与键（键槽）宽公差及小径定心表面尺寸公差的关系遵守最大实体要求，如图 6-19 所示。国家标准对键和键槽规定的位置度公差如表 6-19所示。

表 6-19 矩形花键的位置度公差 mm

键槽宽或键宽 B	3	3.5～6	7～10	12～18
位置度公差 t_1				
滑动、固定	0.010	0.015	0.020	0.025
紧滑动	0.006	0.010	0.013	0.016

（3）键和花键的对称度公差和等分度公差遵守独立原则。

为保证装配，并能传递扭矩运动，控制花键形位误差，一般在图样上分别标注花键的对称度和等分度公差，如图 6-20 所示。花键的对称度公差、等分度公差均遵守独立原则。国家标准规定，花键的等分度公差等于花键的对称度公差值，花键的对称度公差如表 6-20所示。

表 6-20　矩形花键宽的对称度公差　　　　　　　　　　　　　　　　mm

键槽宽或键宽 B	3	3.5～6	7～10	12～18
对称度公差 t_2				
一般级别	0.010	0.012	0.015	0.018
精密传动级别	0.006	0.008	0.009	0.011

注：矩形花键的等分度公差与键宽的对称度公差相同。

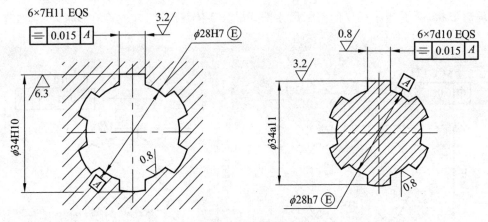

图 6-20　对称度公差标注

对于较长的花键，可根据产品性能自行规定键（键槽）侧面对小径定心轴线的平行度公差。

内、外花键大径分别按 H10 和 a11 加工，它们的大径表面之间的间隙很大，因此大径表面轴线对小径定心表面轴线的同轴度误差可以用间隙来补偿。

（4）表面粗糙度。

矩形花键的表面粗糙度参数 Ra 的上限值如表 6-21 所示。

表 6-21　矩形花键表面粗糙度推荐值

加工表面	内花键	外花键
	Ra 不大于/μm	
小径	1.6	0.8
大径	6.3	3.2
键侧	3.2	0.8

4. 矩形花键的图样标注

花键联接在图样上的标注，按顺序包括以下项目：规格，即键数 $N \times$ 小径 $d \times$ 大径 $D \times$ 键宽 B；各自的公差带代号和精度等级。

例：对于 $N=6, d=23\dfrac{H7}{f7}, D=26\dfrac{H10}{a11}, B=6\dfrac{H11}{d10}$ 的花键，标记如下。

花键规格：$6 \times 23 \times 26 \times 6$；

花键副：$6 \times 23\dfrac{H7}{f7} \times 26 \times \dfrac{H10}{a11} \times 6\dfrac{H11}{d10}$；

内花键：$6 \times 23H7 \times 26H10 \times 6H11$；

外花键：$6 \times 23f7 \times 26a11 \times 6d10$。

6.3 螺纹联接的精度设计

6.3.1 概　述

螺纹联接在机电产品中的应用十分广泛，将零、部件组合成整机或将部件、整机固定在机座上等。螺纹联接形成运动副，传递运动和动力。螺纹联接是一种典型的具有互换性的联接结构。

螺纹联接按其结合性质和使用要求可分为紧固螺纹、传动螺纹和管螺纹三类。其牙型及特点如表 6-22 所示。

表 6-22　螺纹联接分类

种类	牙型	特点
紧固螺纹	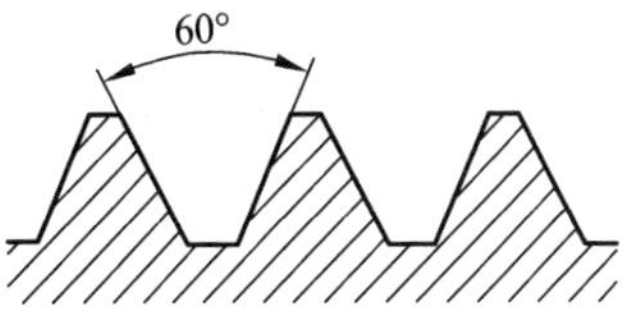	主要用于联接和紧固各种机械零部件，紧固螺纹应具有较好的可旋合性和较高的联接强度。螺纹按其配合性质分为普通螺纹、过渡螺纹和过盈螺纹，其中普通螺纹是使用最广泛的一种螺纹联接
传动螺纹	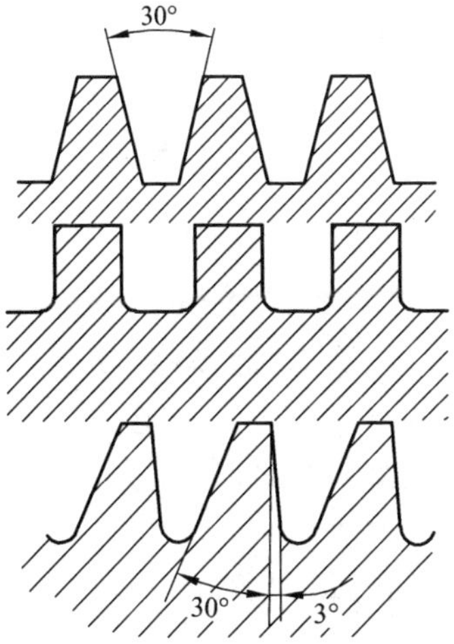	主要用于传递精确位移和传递动力，按其使用要求有传递位移螺纹和传递动力螺纹。传递位移螺纹可以准确传递位移（即具有一定的传动精度）和传递一定载荷（如机床中的丝杠和螺母）；传递动力螺纹可以传递较大的载荷，具有较高的承载强度（如千斤顶的起重螺杆）。传动螺纹结合均有一定的侧隙，以便于储存一定的润滑油
管螺纹	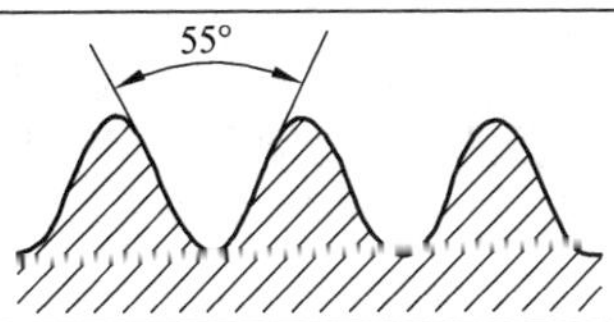	主要用于管道系统中有气密性和水密性要求的管件联接，在管道中不得漏气、漏水和漏油。管螺纹应具有良好的旋合性、联接强度及密封性

1. 螺纹的基本牙型和几何参数

普通螺纹的牙型是指通过螺纹轴线的剖面上螺纹的轮廓形状。它由牙顶、牙底以及两牙侧构成，如图 6-21 所示。国家标准规定普通螺纹的基本牙型是将原始三角形（两相邻等边三角形，高为 H）按规定的削平高度截去顶部和底部，所形成的内外螺纹共有的理论牙型。

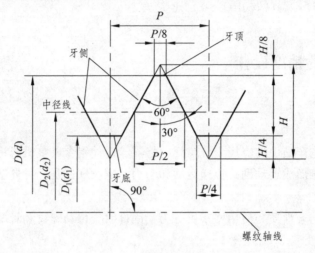

图 6-21　普通螺纹基本牙型

（1）原始三角形高度（H）和牙型高度。

原始三角形高度是由原始三角形顶点沿垂直于螺纹轴线方向到其底边的距离（ $H = \sqrt{3}P/2$ ）；牙型高度是指在螺纹牙型上，牙顶和牙底之间在垂直于螺纹轴线方向上的距离（$5H/8$），如图 6-21 所示。

（2）牙型角（α）、牙型半角（$\alpha/2$）、牙侧角。

牙型角 α 是在螺纹牙型上，两相邻牙侧间的夹角，普通螺纹牙型角为 60°。牙型半角（$\alpha/2$）是牙型角的一半。普通螺纹牙型半角为 30°。牙侧角（α_1，α_2）是指在螺纹牙型上，牙侧与螺纹轴线的垂线间的夹角，普通螺纹牙侧角的基本值为 30°，如图 6-22 所示。

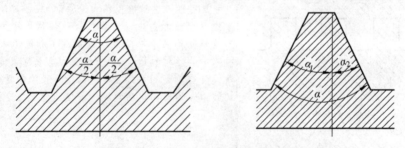

图 6-22　牙型角、牙型半角及牙侧角

（3）大径（D/d）。

大径是指与内螺纹牙底或外螺纹牙顶相切的假想圆柱面的直径，如图 6-23 所示。内螺纹用 D 表示，称为底径；外螺纹用 d 表示，称为顶径，且 $D = d$。大径是内外螺纹的公称直径。

（4）小径（D_1/d_1）。

小径是指与内螺纹的牙顶或外螺纹的牙底相切的假想圆柱面的直径，如图 6-23 所示。内螺纹用 D_1 表示，称为顶径；外螺纹用 d_1 表示，称为底径。

外螺纹的大径和内螺纹的小径统称为顶径，外螺纹的小径和内螺纹的大径统称为底径。

（5）中径（D_2/d_2）。

中径是一个假想圆柱的直径，该圆柱的母线通过螺纹牙型上沟槽和凸起宽度相等的地方，此假想圆柱称为中径圆柱，内外螺纹中径分别用 D_2/d_2 表示，如图 6-23 所示。

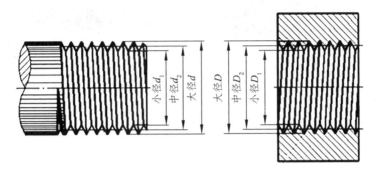

图 6-23　螺纹直径系列

（6）单一中径（D_{2s}，d_{2s}）。

单一中径是一个假想圆柱直径，该圆柱的母线通过牙型上沟槽宽度等于基本螺距值一半的地方（$P/2$），内外螺纹的单一中径用 D_{2s}，d_{2s} 表示，如图 6-24 所示。

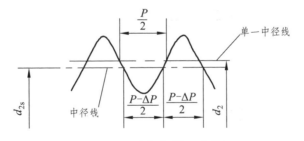

图 6-24　中径与单一中径

当螺距无误差时，单一中径和实际中径相等。当螺距有误差时，单一中径和实际中径不相等。

（7）作用中径。

在规定的旋合长度内，恰好包容实际螺纹的一个假想螺纹的中径，这个假想螺纹有螺距、半角、牙型角等，并在牙顶、牙底外侧留有间隙，以保证包容时不与实际螺纹的大、小径发生干涉。

（8）导程（P_h）、螺距（P）。

导程是指同一螺旋线上的相邻两牙在中径线上对应两点间的轴向距离，用 P_h 表示。螺距是相邻两牙在中径线上对应两点间的轴向距离，用 P 表示，如图 6-25 所示。导程与螺距的关系为 $P_h = nP$，n 是线数。

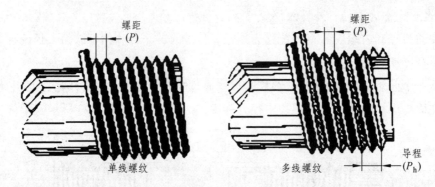

图 6-25　导程、螺距

（9）螺纹升角（φ）。

螺纹升角是在中径圆柱上螺旋线的切线与垂直于螺纹轴线的平面的夹角，用 φ 表示，如图 6-26 所示。它与螺距 P 和中径 d_2 之间的关系为

$$\tan\varphi = nP / \pi d_2$$

式中　n——螺纹线数。

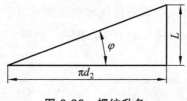

图 6-26　螺纹升角

（10）螺纹旋合长度。

螺纹的旋合长度是指两个相互配合的螺纹，沿螺纹轴线方向相互旋合部分的长度，如图 6-27 所示。

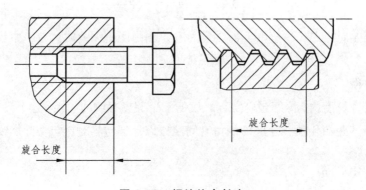

图 6-27　螺纹旋合长度

6.3.2 螺纹几何参数误差对互换性的影响

螺纹的主要几何参数有大径、小径、中径、螺距、牙型半角及螺纹升角等。在加工过程中，这些参数不可避免地产生误差，将会对螺纹的互换性产生影响。

1. 螺纹直径误差的影响

螺纹直径（大径、小径）的误差是指螺纹加工后直径的实际尺寸与螺纹直径的基本尺寸之差。内外螺纹加工时，其中大、小径间留有很大的间隙，即外螺纹的大径和小径分别小于内螺纹的大径和小径，完全可以保证其互换性的要求。但是，外螺纹的大径和小径不能过小，内螺纹的大径和小径也不能过大，否则就会降低联接强度。因此，国家标准 GB/T 197—2003 对螺纹直径实际尺寸规定了适当的极限偏差。

2. 螺距误差的影响

螺距误差包括螺距局部误差（ΔP）和螺距累积误差（ΔP_Σ）。

螺距局部误差（ΔP）是指在螺纹的全长上，任意单个实际螺距对公称螺距的代数差，它与旋合长度无关；螺距累计误差（ΔP_Σ）是指在规定的螺纹长度内，包含若干个螺距的任意两牙，在中径线上相应两点之间的实际轴向距离对公称轴向距离的代数差，它与旋合长度有关。

相互结合的内、外螺纹的螺距基本值为 P，内螺纹为理想螺纹，外螺纹只存在螺距误差。外螺纹 n 个螺距的实际轴向距离 L 与内螺纹的实际轴向距离内 $L = nP$（公称轴向距离 nP）两者的代数差即为螺距累计误差（ΔP_Σ），使内、外螺纹牙侧产生干涉（阴影部分）而不能旋合，如图 6-28 所示。螺距累积误差 ΔP_Σ 是影响螺纹互换性的主要因素。

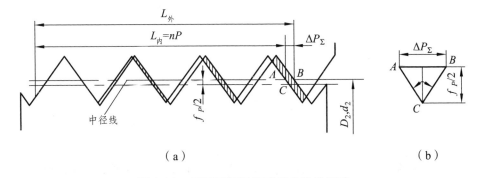

图 6-28 螺距累积误差对旋合性的影响

为了使具有螺距累计误差的外螺纹能够旋入理想的内螺纹，保证旋合性，应将外螺纹的干涉部分切除掉，使图中牙侧上的 B 点移至内螺纹牙侧上的 C 点接触，而螺纹牙另一侧的间隙不变，即将外螺纹的中径减小一个数值 f_P，使外螺纹轮廓刚好能被内螺纹轮廓包容。同理，如果内螺纹存在螺距累计误差，为了保证旋合性，则应将内螺纹的中径增大一个数值 F_P，f_P（F_P）称为螺距误差的中径当量。对于普通螺纹，牙型角为 60°，在图 6-28（b）的三角形 ABC

中计算螺距误差的中径当量为 $f_P(F_P) = 1.732\Delta P_\Sigma$。

国家标准中没有规定螺纹的螺距公差，而是将螺距累计误差折算成中径公差的一部分，通过控制螺纹中径公差来控制螺距误差。

在制造过程中，由于螺距误差不可避免，为了保证有螺距误差的内外螺纹能够正常旋合，采用增大内螺纹中径或减小外螺纹中径来消除螺距误差对旋合性的不利影响，但这样会使内外螺纹实际接触的螺纹牙减少，载荷集中在接触部位，造成接触压力增大，降低螺纹的联接强度。

3. 牙型半角误差的影响

牙型半角误差是指牙型半角的实际值与其公称值的代数差。牙型半角误差主要是实际牙型角的角度误差或牙型角的方向偏斜，螺纹牙型半角误差会使螺纹牙侧发生干涉而影响旋合性，同时影响接触面积，降低螺纹联接强度。

牙型半角误差的影响如图 6-29 所示，相互结合的内外螺纹的牙型半角为 30°，内螺纹为理想螺纹（粗实线），外螺纹（细实线）仅存在牙型半角误差（$\Delta\alpha_1$ 为左牙型半角误差，$\Delta\alpha_2$ 为右牙型半角误差），使内外螺纹旋合时牙侧产生干涉（阴影部分），不能旋合。

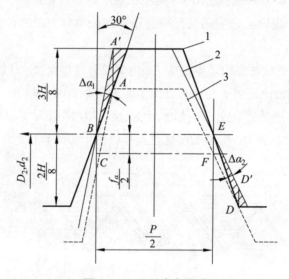

图 6-29 牙型半角误差

为了使具有牙型半角误差的外螺纹能够旋入理想的内螺纹，保证旋合性，应将外螺纹的干涉部分（图 6-29 中阴影部分）切除掉，把外螺纹牙径向移至虚线 3 处，使外螺纹轮廓刚好能被内螺纹轮廓包容，即将外螺纹的中径减小一个数值 f_α。同理，当内螺纹存在牙型半角误差时，为了保证旋合性，应将内螺纹的中径增大一个数值 F_α。$f_\alpha(F_\alpha)$ 称为牙型半角误差中径当量。普通螺纹牙型半角误差中径当量计算公式如下：

$$f_\alpha(F_\alpha) = 0.073P(K_1|\Delta\alpha_1| + K_2|\Delta\alpha_2|)$$

式中　P——螺距基本值（mm）；

　　$\Delta\alpha_1$、$\Delta\alpha_2$——牙型半角误差（′）；

　　K_1、K_2——系数，其数值分别取决于牙型半角误差的正负号，如表6-23所示。

表 6-23　K_1、K_2 取值表

螺纹	系数取值	
	K_1、K_2	
	2	3
外螺纹	$\Delta\alpha_1$（$\Delta\alpha_2$）>0 中径与小径间产生干涉	$\Delta\alpha_1$（$\Delta\alpha_2$）<0 中径与大径间产生干涉
内螺纹	$\Delta\alpha_1$（$\Delta\alpha_2$）<0 中径与小径间产生干涉	$\Delta\alpha_1$（$\Delta\alpha_2$）>0 中径与大径间产生干涉

螺纹牙型半角误差中径当量可以消除牙型半角误差对旋合性的影响，但牙型半角误差会使内外螺纹牙侧接触面积减小，载荷相对集中到接触部位，造成接触压力增大，降低螺纹的联接强度。

4. 中径误差的影响

中径误差是指中径实际值与公称值的代数差，内、外螺纹中径误差用$\Delta D_{2\alpha}$（$\Delta d_{2\alpha}$）表示。在螺纹制造过程中，螺纹中径也会出现误差，如果外螺纹的中径大于内螺纹的中径时，内外螺纹无法旋合；当外螺纹的中径过小时，内外螺纹旋合后间隙过大，配合过松，影响联接的紧密性和联接强度。因此，对中径误差也必须加以限制。

由于螺距误差折算成中径当量值f_P（F_P），牙型半角误差折算成中径当量值f_α（F_α），所以对内外螺纹中径的总公差T_{D2}（T_{d2}）应满足如下关系：

$$T_{D2} \geq \Delta D_{2\alpha} + F_P + F_\alpha$$

$$T_{d2} \geq \Delta d_{2\alpha} + f_P + f_\alpha$$

当外螺纹存在螺距误差和牙型半角误差时，若不减小其中径，只能与一个中径较大的内螺纹正确旋合，相当于有误差的外螺纹中径增大；同理，当内螺纹存在螺距误差和牙型半角误差时，只能与一个中径较小的外螺纹正确旋合，相当于有误差的内螺纹中径减小。这一增大或减小的理想螺纹中径称为螺纹的作用中径，用D_{2m}（d_{2m}）表示，如图6-30所示。图6-30（a）是外螺纹作用中径；图6-30（b）是内螺纹作用中径。计算公式如下：

$$D_{2m} = D_{2\alpha} - （F_P + F_\alpha）$$

$$d_{2m} = d_{2\alpha} + （f_P + f_\alpha）$$

式中　$D_{2\alpha}$、$d_{2\alpha}$——内、外螺纹的实际中径。

内外螺纹能够自由旋合的条件为 $d_{2m} \leqslant D_{2m}$。

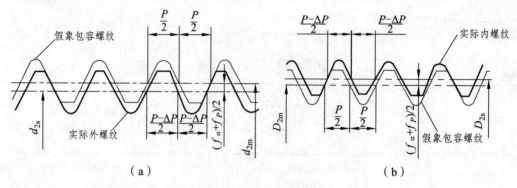

图 6-30　螺纹作用中径

6.3.3　普通螺纹的公差与配合

在螺纹加工生产中，刀具、机床传动误差等因素引起中径误差、牙型半角误差及螺距误差等，影响螺纹的互换性。为了保证螺纹互换性，国家标准 GB/T 197—2003《普通螺纹 公差》规定了螺纹公差等级、螺纹公差带、螺纹基本偏差。

1. 螺纹公差等级

螺纹公差用来确定公差带的大小，表示螺纹直径尺寸允许的变动范围。国家标准 GB/T 197—2003《普通螺纹 公差》对螺纹的中径和顶径分别规定了若干个公差等级，其代号用阿拉伯数字表示，螺纹公差等级如表 6-24 所示。

表 6-24　螺纹公差等级

螺纹直径		公差等级
外螺纹	中径 d_2	3、4、5、6、7、8、9
	大径（顶径）d	4、6、8
内螺纹	中径 D_2	4、5、6、7、8
	小径（顶径）D	4、5、6、7、8

其中，6 级是基本级，3 级公差值最小，精度最高；9 级公差值最大，精度最低。

内外螺纹的底径是在加工时和中径一起由刀具切出，其尺寸由加工保证，因此未规定公差。

螺纹公差在不同的公差等级中，内螺纹顶径（小径）公差 T_D 和外螺纹顶径（大径）公差 T_d 公差值如表 6-25 所示。内螺纹中径公差 T_{D2} 和外螺纹中径公差 T_{d2} 公差值如表 6-26 所示。

表 6-25　内、外螺纹顶径的公差值

螺距 P/mm	内螺纹顶径（小径）公差 T_D/μm					外螺纹顶径（小径）公差 T_d/μm		
	公差等级					公差等级		
	4	5	6	7	8	4	6	8
0.5	90	112	140	180	—	67	106	—
0.6	100	125	160	200	—	80	125	—
0.7	112	140	180	224	—	90	140	—
0.75	118	150	190	236	—	90	140	—
0.8	125	160	200	250	315	95	150	236
1	150	190	236	300	375	112	180	280
1.25	170	212	265	335	425	132	212	335
1.5	190	236	300	375	475	150	236	375
1.75	212	265	335	425	530	170	265	425
2	236	300	375	475	600	180	280	450
2.5	280	355	450	560	710	212	335	530
3	315	400	500	630	800	236	375	600
3.5	355	450	560	710	900	265	425	670
4	375	475	600	750	950	300	475	750

表 6-26　内、外螺纹中径的公差值

基本大径 /mm		螺距 P/mm	内螺纹中径公差 T_{D2}/μm					外螺纹中径公差 T_{d2}/μm						
			公差等级					公差等级						
>	≤		4	5	6	7	8	3	4	5	6	7	8	9
2.8	5.6	0.5	63	80	100	125	—	38	48	60	75	95	—	—
		0.6	71	90	112	140	—	42	53	67	85	106	—	—
		0.7	75	95	118	150	—	45	56	71	90	112	—	—
		0.75	75	95	118	150	—	45	56	71	90	112	—	—
		0.8	80	100	125	160	200	48	60	75	95	118	150	190
5.6	11.2	0.75	85	106	132	170	—	50	63	80	100	125	—	—
		1	95	118	150	190	236	56	71	90	112	140	180	224
		1.25	100	125	160	200	250	60	75	95	118	150	190	236
		1.5	112	140	180	224	280	67	85	106	132	170	212	265
11.2	22.4	1	100	125	160	200	250	60	75	95	118	150	190	236
		1.25	112	140	180	224	280	67	85	106	132	170	212	265
		1.5	118	150	190	236	300	71	90	112	140	180	224	280
		1.75	125	160	200	250	315	75	95	118	150	190	236	300
		2	132	170	212	265	335	80	100	125	160	200	250	315
		2.5	140	180	224	280	355	85	106	132	170	212	265	335
22.4	45	1	106	132	170	212	—	63	80	100	125	160	200	250
		1.5	125	160	200	250	315	75	95	118	150	190	236	300
		2	140	180	224	280	355	85	106	132	170	212	265	335
		3	170	212	265	335	425	100	125	160	200	250	315	400
		3.5	180	224	280	355	450	106	132	170	212	265	335	425
		4	190	236	300	375	475	112	140	180	224	280	355	450
		4.5	200	250	315	400	500	118	150	190	236	300	375	475

螺纹中径公差是一项综合公差，综合控制中径本身的尺寸误差、螺距误差和牙型半角误差。

2. 螺纹的基本偏差

螺纹公差带相对于基本牙型的位置，与圆柱体的公差带位置一样，由基本偏差来确定。国家标准 GB/T 197—2003《普通螺纹 公差》对螺纹的中径和顶径规定了基本偏差，并且它们的数值相同。对内螺纹规定了代号为 G、H 的两种基本偏差（皆为下偏差 EI），对外螺纹规定了代号为 e、f、g、h 的四种偏差（皆为上偏差 es），如图 6-31 所示。

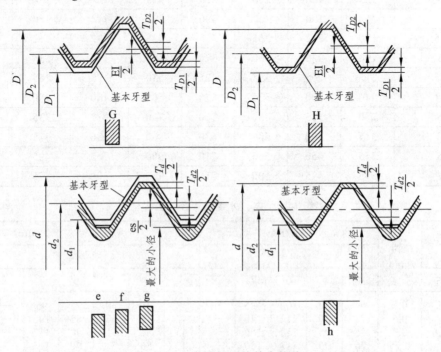

图 6-31   内外螺纹的基本偏差

3. 螺纹公差带

螺纹公差带是沿基本牙型的牙侧、牙顶和牙底分布的公差带，根据普通螺纹的公差等级和基本偏差，可以组成许多不同的公差带。普通螺纹的公差带代号由公差等级数字和基本偏差字母组成，即公差等级数字+基本偏差子母（如 6g、6H、5G）。如果中径公差带代号和顶径公差带代号相同，则标注时只写一个。合格螺纹的实际牙型的各个部分都应该在公差带内，即实际牙型应在图 6-31 所示的断面线的公差带内。

4. 旋合长度

内外螺纹的旋合长度是螺纹精度设计时应该考虑的一个因素，关系到螺纹联接的配合精度和互换性。国家标准 GB/T 197—2003 根据螺纹的公称直径和螺距基本值规定了三组旋合程度，即短旋合长度组（S）、中等旋合长度组（N）和长旋合程度组（L），如表 6-27 所示。

表 6-27　螺纹旋合长度　　　　　　　　　　　　mm

基本大径 D、d		螺距 P	旋合长度			
			S		N	L
>	≤		≤	>	≤	>
2.8	5.6	0.5	1.5	1.5	4.5	4.5
		0.6	1.7	1.7	5	5
		0.7	2	2	6	6
		0.75	2.2	2.2	6.7	6.7
		0.8	2.5	2.5	7.5	7.5
5.6	11.2	0.75	2.4	2.4	7.1	7.1
		1	3	3	9	9
		1.25	4	4	12	12
		1.5	5	5	15	15
11.2	22.4	1	3.8	3.8	11	11
		1.25	4.5	4.5	13	13
		1.5	5.6	5.6	16	16
		1.75	6	6	18	18
		2	8	8	24	24
		2.5	10	10	30	30
22.4	45	1	4	4	12	12
		1.5	6.3	6.3	19	19
		2	8.5	8.5	25	25
		3	12	12	36	36
		3.5	15	15	45	45
		4	18	18	53	53

通常选用中等旋合长度组（N）。为了加强联接强度，可选择长旋合长度组（L）。对受力不大且有空间限制时，可选择短旋合长度组（S）。

6.3.4　普通螺纹公差与配合的选用

1. 螺纹公差与配合选用

螺纹的公差等级仅仅反映了中径和顶径精度的高低，若综合评价螺纹质量，还应考虑旋合长度。旋合长度越长的螺纹，产生的螺距累计误差越大，且越容易弯曲，对互换性产生很大的影响。因此，GB/T 197—2003《普通螺纹　公差》根据螺纹的公差带和旋合长度两个因素，规定了螺纹的配合精度，分为精密级、中等级和粗糙级，精度依次由高到低。国家标准推荐的不同公差精度宜采用的公差带如表 6-28 所示。同一配合精度的螺纹的旋合长度越长，则等级就越低。若未注明旋合长度，则按照中等旋合长度组选取螺纹公差带。

表 6-28　普通螺纹的推荐公差带

公差等级	内螺纹公差带			外螺纹公差带		
	S	N	L	S	N	L
精密	4H	5H	6H	（3h4h）	**4h** （4g）	（5h4h） （5g4g）
中等	**5H** （5G）	**6H** 6G	**7H** （7G）	（5g6g） （5h6h）	**6e** **6f** **6g** 6h	（7e6e） （7g6g） （7h6h）
粗糙	—	7H （7G）	8H （8G）	—	（8e） 8g	（9e8e） （9g9g）

注：① 选用顺序，粗体字公差带→一般字体公差带→括号内公差带；带方框的粗体字公差带用于大量生产的紧固件螺纹。
　② 推荐公差带也适用于薄涂镀层的螺纹。
　③ 选择螺纹配合精度时，一般用途采用中等级；对于配合性质要求稳定或有定心精度要求的螺纹联接，采用精密级；对于螺纹加工较困难的零件，采用粗糙级。

2. 普通螺纹的标记

螺纹的完整标记由螺纹特征代号（M）、尺寸代号（公称直径×螺距基本值，单位 mm）、公差带代号及其他信息（旋合长度和旋向代号）构成，并以"-"分开。

外螺纹：

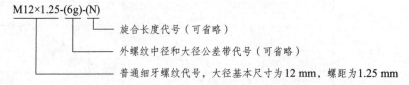

内螺纹：

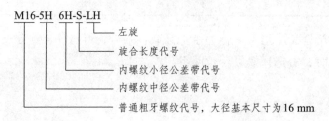

内、外螺纹装配：

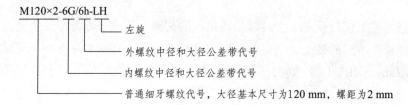

6.3.5 螺纹中径的合格性判断

螺纹中径是衡量螺纹互换性的主要指标,螺纹中径合格性的判断原则与光滑工件极限尺寸判断原则(泰勒原则)类同。泰勒原则是指为了保证旋合性,实际螺纹的作用中径不能超出最大实体牙型的中径;为了保证联接强度,实际螺纹上任何部位的单一中径不能超出最小实体牙型的中径。

所谓最大和最小实体牙型,是指螺纹中径公差范围内,分别具有材料最多和最小且有与基本牙型一致的螺纹牙型。外螺纹的最大和最小实体牙型中径分别等于其中径最大和最小极限尺寸 $d_{2\max}$、$d_{2\min}$,内螺纹的最大和最小实体牙型中径分别等于其中径最小和最大极限尺寸 $D_{2\min}$、$D_{2\max}$。

按照泰勒原则,螺纹中径的合格条件为

外螺纹:$d_{2m} \leqslant d_{2\max}$ 且 $d_{2s} \geqslant d_{2\min}$。

内螺纹:$D_{2m} \geqslant D_{2\min}$ 且 $D_{2s} \leqslant D_{2\max}$。

7 圆柱齿轮传动误差的评定与齿轮的精度设计

7.1 齿轮传动的使用要求

齿轮传动是用来传递运动和动力的一种常用传动机构，广泛应用于机床、汽车、仪器仪表等机械产品中。齿轮传动系统由齿轮副、轴、轴承及箱体等零部件组成。这些零部件的制造和安装精度，都会对齿轮传动精度产生影响，其中齿轮本身的制造精度及齿轮副的安装精度起主要作用。

随着现代生产和科技的发展，要求机械产品自身质量轻，传动功率大，工作转速和工作精度高，从而对齿轮传动的精度提出了更高的要求。在不同的机械中，对齿轮传动的精度要求因其用途不同而异，但归纳为以下四项：

1. 传动运动的准确性

要求齿轮在一转范围内传动比的变化尽量小，以保证从动齿轮与主动齿轮的相对运动协调一致。为保证齿轮传递运动的准确性，应限制齿轮在一转内的最大转角误差。

2. 传动的平稳性

要求齿轮在转过一个齿的范围内，瞬时传动比的变化尽量小，以保证齿轮传动平稳，降低齿轮传动过程中的冲击，减小振动和噪声。

3. 载荷分布的均匀性

要求齿轮啮合时工作齿面接触良好，载荷分布均匀，避免轮齿局部受力而引起应力集中，造成齿面局部过度磨损和折齿，保证齿轮的承载能力和延长齿轮的使用寿命。

4. 传动侧隙

要求齿轮副啮合时，非工作齿面间应留有一定的间隙，用以储存润滑油，补偿齿轮受力后的弹性变形、热变形以及齿轮传动机构的制造、安装误差，防止齿轮在传动过程中可能卡死或烧伤。但过大的间隙会在起动和反转时引起冲击，造成回程误差，因此侧隙的选择应在一个合理的范围内。

不同用途和不同工作条件的齿轮及齿轮副，对上述要求的侧重点也不同。如控制系统和随动系统的分度传动机构要求传递运动的准确性，以保证主、从动齿轮的运动协调；汽车、拖拉机等变速齿轮传动则主要要求传动的平稳性，以降低噪声；低速重载齿轮传动要求其载荷分布的均匀性，以保证承载能力；蜗轮机构中高速重载齿轮传动对上述要求都很高，而且要求有足够的齿侧间隙，以保证充分润滑。

7.2 齿轮的加工误差

7.2.1 齿轮加工误差的来源

在机械制造中，齿轮的加工方法很多，按齿轮廓形成原理可分仿形法和展成法。

仿形法加工齿轮时，刀具的齿形与被加工齿轮的齿槽形状相同。常用盘铣刀和指状铣刀在铣床上铣齿，如图 7-1 所示。

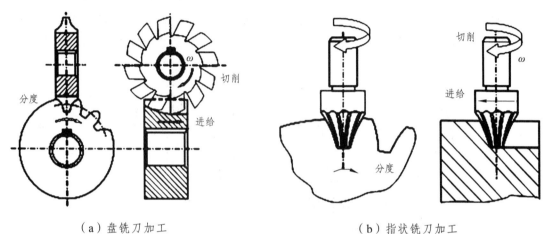

（a）盘铣刀加工　　　　　　　　　　（b）指状铣刀加工

图 7-1　仿形加工

展成法加工齿轮时，齿轮表面通过专用齿轮加工机床的展成运动形成渐开线齿面。常用齿轮插刀加工和齿轮滚刀加工，如图 7-2 所示。

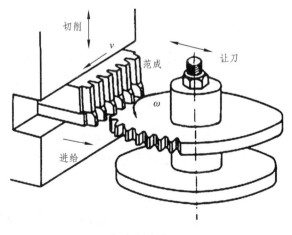

（a）插齿加工

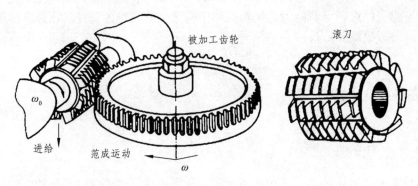

（c）滚齿加工

图 7-2　展成法加工

齿轮加工系统中的机床、刀具、齿坯的制造、安装等误差致使加工后的齿轮存在各种形式的误差。现以滚齿加工为例分析产生齿轮加工误差的主要原因，滚齿机切齿系统图如图 7-3 所示。

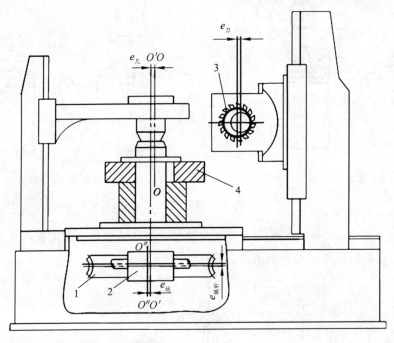

$O'—O'$ 为机床工作台回转轴线
$O—O$ 为齿坯基准孔轴线
$O''—O''$ 为分度蜗轮几何轴线

图 7-3　滚齿加工系统图
1—分度蜗轮；2—分度蜗杆；3—滚刀；4—齿坯

1. 几何偏心（$e_几$）

几何偏心（$e_几$）是由于加工时齿坯基准孔轴线（$O—O$）与滚齿机工作台旋转轴线（$O'—O'$）不重合而引起的安装偏心，如图 7-4 所示。几何偏心使加工过程中齿坯基准孔轴线与滚刀的距离产生变化，切出的齿一边短而宽，一边窄而长，加工出来的齿轮如图7-5所示。几何偏心引起齿轮径向误差，产生径向跳动，同时齿距和齿厚也产生周期性变化。

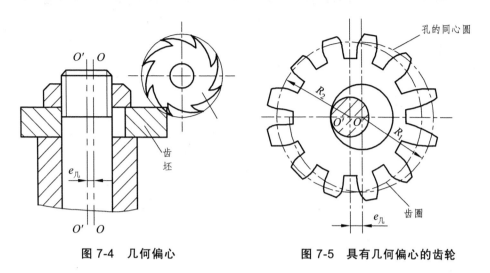

图 7-4　几何偏心　　　　　　　　图 7-5　具有几何偏心的齿轮

2．运动偏心（$e_{运}$）

运动偏心（$e_{运}$）是由于齿轮加工机床分度蜗轮本身的制造误差以及安装过程中分度蜗轮轴线（$O''—O''$）与工作台旋转轴线（$O'—O'$）不重合引起的，如图7-6所示。运动偏心使齿坯相对于滚刀的转速不均匀，而使被加工齿轮的齿廓产生切向位移。加工齿轮时，蜗杆的线速度恒定不变，蜗轮、蜗杆中心距周期性变化，即蜗轮（齿坯）在一转内的转速呈现周期性变化。当角速度 ω 增加到 $\omega + \Delta\omega$ 时，使被切齿轮的齿距和公法线都变长；当角速度由 ω 减少到 $\omega - \Delta\omega$ 时，切齿滞后使齿距和公法线都变短，如图 7-7 所示，使齿轮产生切向周期性变换的切向误差。

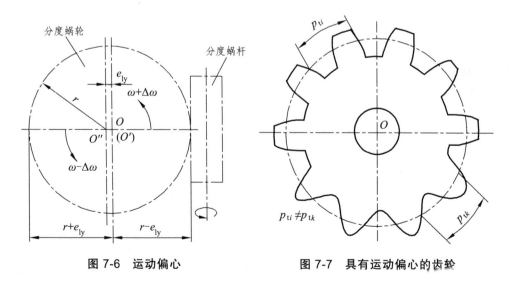

图 7-6　运动偏心　　　　　　　　图 7-7　具有运动偏心的齿轮

3. 机床传动链误差

加工直齿轮时，传动链中分度机构各元件的误差，尤其是分度蜗杆由于安装偏心引起的径向跳动和轴向窜动，将会造成蜗轮（齿坯）在一周范围内的转速出现多次的变化，引起加工齿轮的齿距误差和齿形误差。加工斜齿轮时，除分度机构各元件的误差外，还受到传动链误差的影响。

4. 滚刀的制造和安装误差

滚刀本身在制造过程中所产生的齿距、齿形等误差，都会在作为刀具加工齿轮的过程中被复映在被加工齿轮的每一个齿上，使被加工齿轮产生齿距误差和齿廓形状误差。

滚刀由于安装偏心，会使被加工齿轮产生径向误差。滚刀的轴向窜动及轴线歪斜，会使进刀方向与轮齿的理论方向产生误差，直接造成加工齿面沿齿长方向的歪斜，造成齿廓倾斜误差，将会影响载荷分布的均匀性。

7.2.2 齿轮误差的分类

由于齿轮加工过程中造成工艺误差的因素很多，齿轮加工后的误差形式也很多。为了便于分析齿轮各种误差的性质、规律以及对传动质量的影响，将齿轮的加工误差分类如下。

1. 按误差出现的频率分

齿轮误差按误差出现的频率分为长周期（低频率）误差和短周期（高频率）误差。

（1）长周期（低频率）误差是指齿轮回转一周出现一次的周期性误差，如图 7-8 所示。齿轮加工过程中由于几何偏心和运动偏心引起的误差均属于长周期误差，它以齿轮一转为周期，对齿轮一转内传递运动的准确性产生影响，高速时，还会影响齿轮传动的平稳性。

（2）短周期（高频率）误差是指齿轮转动一个齿距角的过程中出现一次或多次的周期性误差，如图 7-9 所示。齿轮加工过程中由于机床的传动链和滚刀的制造和安装误差引起的误差均属于短周期（高频率）误差，一分度蜗轮的一转或齿轮的一齿为周期，在一转中多次出现，对齿轮传动的平稳性产生影响。

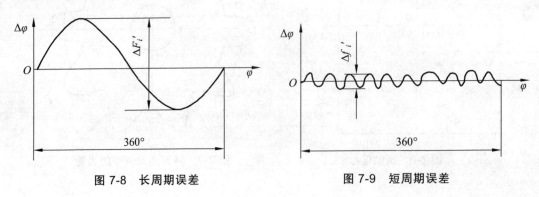

图 7-8　长周期误差　　　　　　　　图 7-9　短周期误差

2. 按误差产生的方向分

齿轮误差按误差产生的方向分为径向误差、切向误差和轴向误差。

（1）径向误差。在齿轮加工的过程中，由于切齿刀具与齿坯之间的径向距离的变化而引起的加工误差称为齿廓的径向误差，如图7-10所示。如齿轮的几何偏心和滚刀的安装偏心，都会在切齿的过程中使齿坯相对于滚刀的距离发生变动，导致切出的齿廓相对于齿轮基准孔轴线产生径向位置变动，造成径向误差。

（2）切向误差。在齿轮加工的过程中，由于滚刀的运动相对于齿坯回转速度的不均匀，致使齿廓沿齿轮切线方向产生的误差称为齿廓切向误差，如图7-10所示。如分度蜗轮的运动偏心、分度蜗杆的径向跳动和轴向跳动以及滚刀的轴向跳动等，都会使齿坯相对于滚刀回转速度不均匀，产生切向误差。

（3）轴向误差。在齿轮加工的过程中，由于切齿刀具沿齿轮轴线方向进给运动偏斜产生的加工误差称为齿廓的轴向误差，如图7-10所示。如刀架导轨与机床工作台回转轴线不平行、齿坯安装偏斜等，均会造成齿廓的轴向误差。

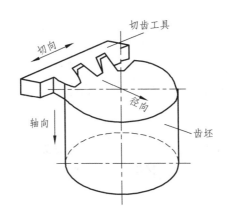

图 7-10　径向误差、切向误差和轴向误差

7.3　单个齿轮传动误差及其评定指标

7.3.1　影响传动准确性的误差及其评定指标

影响传动准确性是以齿轮一转为周期的误差（长周期误差），主要体现在齿轮轮齿中心与旋转中心不同轴，造成各轮齿相对于旋转中心不均匀分布，任意两齿距不相等，各齿齿高不相等，且齿距由小变大，再由大变小，在传动中产生转角误差，影响传递运动的准确性。另外，由于加工刀具安装位置偏差，使加工出的齿轮上各齿轮的形状和位置相对于旋转中心产生误差，也会造成传动中产生转角误差。影响齿轮传动准确性的参数如表7-1所示。

表 7-1 评定传动准确性的参数

参数符号	含　义
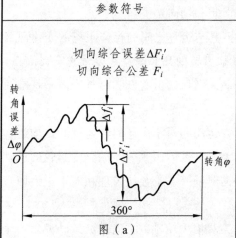 切向综合误差 $\Delta F_i'$ 切向综合公差 F_i 图（a）	切向综合误差（$\Delta F_i'$）是指被测齿轮与理想精确的测量齿轮单面啮合时，在被测齿轮一转内，实际转角与公称转角之差的总幅度值，如图（a）所示，以分度圆弧长计值。 　　切向综合误差反映出由机床、刀具、工件系统的周期误差所造成的齿轮一转的转角误差，说明齿轮运动的不均匀性。切向综合误差是几何偏心、运动偏心及各种短周期误差综合影响的结果。切向综合误差是评定齿轮传递运动准确性较为完善的指标，反映了齿轮总的使用质量，更接近于实际使用情况。 　　切向综合公差（F_i）是指切向综合误差的最大允许值。国家标准规定：切向综合误差可根据齿轮传动精度要求，选定适宜精度等级的切向综合公差来控制 切向综合误差
齿距累积误差 ΔF_P 齿轮累积公差 F_P 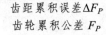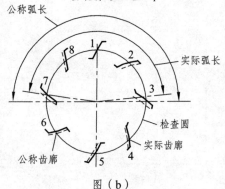 图（b） k 个齿距的累积误差 ΔF_{Pk} k 个齿距的累积公差 F_{Pk} 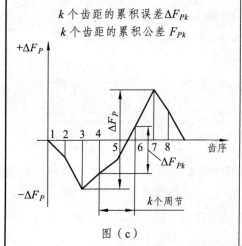 图（c）	齿距累积误差（ΔF_P）是指在分度圆上（国家标准规定允许在齿高中部测量）任意两个同侧齿面间的实际弧长与公称弧长之差的最大绝对值，如图（b）所示。 　　齿距累积公差（F_P）是齿距累积误差的最大允许值，各级精度齿轮的 F_P 值如表 7-7 所示。 　　k 个齿距的累积误差（ΔF_{Pk}）是指在分度圆上（国际规定允许在齿高中部测量）k 个齿距间的实际弧长与公称弧长之差的最大绝对值，如图（c）所示。k 值取 2 到小于 $Z/2$ 的整数，通常取 $Z/6$ 或 $Z/8$ 的最大整数。 　　k 个齿距的累积公差（F_{Pk}）是 k 个齿距累积误差的最大允许值。 　　齿距累积误差主要是在滚切齿形过程中几何偏心和运动偏心造成的，它反映齿轮一转中偏心误差引起的转角误差，因此齿距累积误差可代替切向综合公差作为评定齿轮运动准确性的指标。目前，工厂中常用齿距累积误差来评定齿轮运动精度。 齿距累积误差

参数符号	含 义
齿圈径向跳动 ΔF_r 齿圈径向跳动公差 F_r 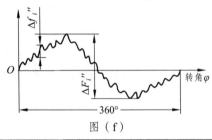 图（d） 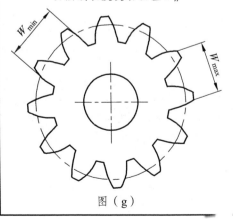 图（e）	齿圈径向跳动（ΔF_r）是指在齿轮一转范围内，测头在齿槽内（或轮齿上）与齿高中部双面接触，测头相对于齿轮轴心线的最大变动量，如图（d）、（e）所示。 齿圈径向跳动主要是由几何偏心引起的，反映了齿轮轮齿相对于旋转中心的偏心情况，此外，齿轮的单齿误差（齿形误差、基圆齿距偏差）对其也有影响，但是不能反映运动偏心，所以不能完全反映齿轮传递运动的准确性。 齿圈径向跳动公差（F_r）是齿圈径向跳动的最大允许值，各级精度齿轮的 F_r 值如表7-8所示
径向综合误差 $\Delta F_i''$ 径向综合公差 F_i'' 图（f）	径向综合误差（$\Delta F_i''$）是指被测齿轮与理想精确的测量齿轮双面啮合时，在被测齿轮一转内的双啮中心距的最大变动量，如图（f）所示。 径向综合误差反映齿轮轮齿箱对于旋转中心的偏心，同时对基节偏差和齿形误差也有所反映。因此可代替齿圈来评定齿轮传递运动的准确性。由于径向综合误差只能反映齿轮的径向误差，而不能反映切向误差，故径向综合误差并不能确切地和充分地用来表示齿轮的运动精度。 径向综合公差（F_i''）是径向综合误差的最大允许量，各级精度齿轮的 F_i'' 值如表7-9所示
公法线长度变动误差 ΔF_W 公法线长度变动公差 F_W 图（g）	公法线长度变动误差（ΔF_W）是指在齿轮一周范围内，实际公法线长度最大值与最小值之差，如图（g）所示。 公法线长度变动误差是由运动偏心引起的。运动偏心使齿坯转速不均匀，引起切向误差，使各齿廓的位置在圆周上分布不均匀，使公法线长度在齿轮一圈中呈周期性变化。齿圈径向跳动不能体现齿圈上各齿的形状和位置误差，因此采用齿圈径向跳动与公法线长度变动误差组合，以较全面反映出传递运动准确性的齿轮精度。 公法线长度变动公差（F_W）是指公法线长度变动公差的最大允许值

7.3.2 影响传动平稳性的误差及其评定指标

影响传动平稳性主要是一齿啮合范围内引起瞬时传动比不断变化的误差（短周期误差），主要有齿轮基圆齿距偏差和齿形误差。

（1）基圆齿距偏差。两个齿正确啮合的条件之一是两齿轮的基圆齿距相等。若两齿轮的齿距不相等时，轮齿在进入或退出啮合时会产生撞击，引起振动和噪声，影响传动的平稳性。两轮齿的基圆齿距差值越大，则引起在进入啮合过程中瞬时传动比的变化就越大，引起的振动和噪声越大。

（2）齿形误差。齿形误差是指轮齿端截面上渐开线的形状误差。由共轭齿形的啮合状态可知，当实际齿形偏离渐开线时，会使齿轮在一齿啮合范围内的传动比不断变化，而引起振动和噪声，影响传动平稳性。

齿轮上各个基圆齿距偏差和各齿形误差大小程度虽有不同，但它们都是在齿轮转动过程中重复出现的。影响齿轮传动平稳性的参数如表 7-2 所示。

表 7-2　评定齿轮传动平稳性的参数

参数符号	含　义
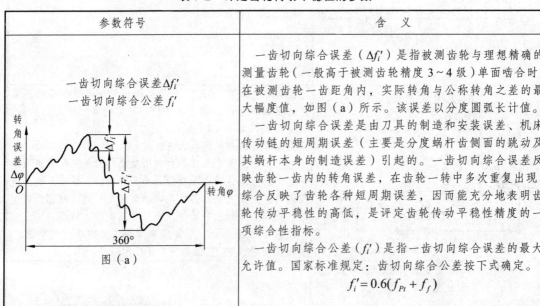 一齿切向综合误差 $\Delta f_i'$ 一齿切向综合公差 f_i' 图（a）	一齿切向综合误差（$\Delta f_i'$）是指被测齿轮与理想精确的测量齿轮（一般高于被测齿轮精度 3～4 级）单面啮合时，在被测齿轮一齿距角内，实际转角与公称转角之差的最大幅度值，如图（a）所示。该误差以分度圆弧长计值。 　一齿切向综合误差是由刀具的制造和安装误差、机床传动链的短周期误差（主要是分度蜗杆齿侧面的跳动及其蜗杆本身的制造误差）引起的。一齿切向综合误差反映齿轮一齿内的转角误差，在齿轮一转中多次重复出现，综合反映了齿轮各种短周期误差，因而能充分地表明齿轮传动平稳性的高低，是评定齿轮传动平稳性精度的一项综合性指标。 　一齿切向综合公差（f_i'）是指一齿切向综合误差的最大允许值。国家标准规定：齿切向综合公差按下式确定。 $$f_i' = 0.6(f_{Pt} + f_f)$$
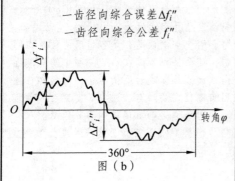 一齿径向综合误差 $\Delta f_i''$ 一齿径向综合公差 f_i'' 图（b）	一齿径向综合误差（$\Delta f_i''$）是指被测齿轮与理想精确的测量齿轮双面啮合时，在被测齿轮一齿距角内，双啮中心距的最大变动量，如图（b）所示。 　一齿径向综合误差只反映刀具制造和安装误差引起的径向误差，而不能反映出机床传动链周期切向误差。因此，用一齿径向综合误差评定齿轮传动平稳性不如用一齿切向综合误差评定完善，但由于仪器结构简单，操作简单，在成批生产中仍广泛使用。 　一齿径向综合公差（f_i''）是一齿径向综合误差（$\Delta f_i''$）的最大允许值，各级精度齿轮的 f_i'' 值如表 7-9 所示

参数符号	含 义
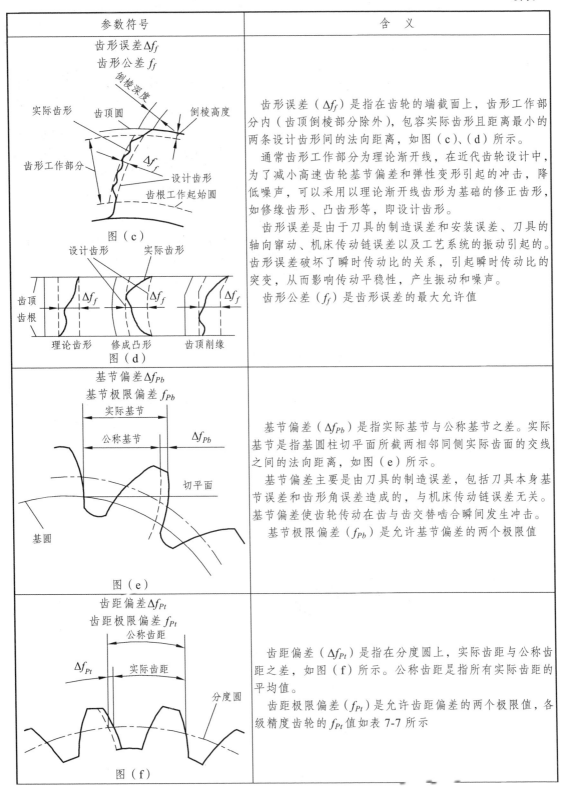 齿形误差Δf_f 齿形公差 f_f 图（c） 图（d）	齿形误差（Δf_f）是指在齿轮的端截面上，齿形工作部分内（齿顶倒棱部分除外），包容实际齿形且距离最小的两条设计齿形间的法向距离，如图（c）、（d）所示。 通常齿形工作部分为理论渐开线，在近代齿轮设计中，为了减小高速齿轮基节偏差和弹性变形引起的冲击，降低噪声，可以采用以理论渐开线齿形为基础的修正齿形，如修缘齿形、凸齿形等，即设计齿形。 齿形误差是由于刀具的制造误差和安装误差、刀具的轴向窜动、机床传动链误差以及工艺系统的振动引起的。齿形误差破坏了瞬时传动比的关系，引起瞬时传动比的突变，从而影响传动平稳性，产生振动和噪声。 齿形公差（f_f）是齿形误差的最大允许值
基节偏差Δf_{Pb} 基节极限偏差 f_{Pb} 图（e）	基节偏差（Δf_{Pb}）是指实际基节与公称基节之差。实际基节是指基圆柱切平面所截两相邻同侧实际齿面的交线之间的法向距离，如图（e）所示。 基节偏差主要是由刀具的制造误差，包括刀具本身基节误差和齿形角误差造成的，与机床传动链误差无关。基节偏差使齿轮传动在齿与齿交替啮合瞬间发生冲击。 基节极限偏差（f_{Pb}）是允许基节偏差的两个极限值
齿距偏差Δf_{Pt} 齿距极限偏差 f_{Pt} 图（f）	齿距偏差（Δf_{Pt}）是指在分度圆上，实际齿距与公称齿距之差，如图（f）所示。公称齿距是指所有实际齿距的平均值。 齿距极限偏差（f_{Pt}）是允许齿距偏差的两个极限值，各级精度齿轮的f_{Pt}值如表7-7所示

参数符号	含 义
螺旋线波度误差Δf_β 螺旋线波度公差f_β 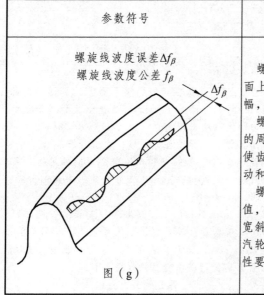 图（g）	螺旋线波度误差（Δf_β）是指在宽斜齿轮高中部的圆柱面上，沿实际齿面法线方向计量的螺旋线波纹的最大波幅，如图（g）所示。 螺旋线波度误差主要是由机床分度蜗杆副和进给丝杠的周期误差引起的，使齿侧面螺旋线上产生波浪形误差，使齿轮一转内的传动比发生多次重复变化，引起周期振动和噪声，严重影响传动平稳性。 螺旋线波度公差（f_β）是指螺旋线波度误差的最大允许值，主要用于评定轴向重合度的 6 级及 6 级以上精度的宽斜齿轮及人字齿轮的传动平稳性。这种齿轮主要用于汽轮机减速器，其特点是功率大、速度高，对传动平稳性要求特别高，通常用高精度滚齿机加工

7.3.3　影响载荷分布均匀性的误差及其评定指标

齿轮工作时齿面接触状况直接影响着载荷分布的均匀性。影响齿面接触状态的误差可分为两个方向：一是沿齿宽方向的齿向误差；二是齿高方向的基圆齿距偏差和齿形误差，如图7-11 所示。影响齿轮载荷分布均匀性的参数如表 7-3 所示。

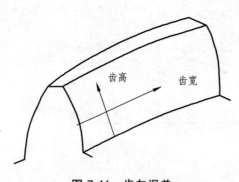

图 7-11　齿向误差

表 7-3 评定齿轮载荷分布均匀性的参数

参数符号	含　义
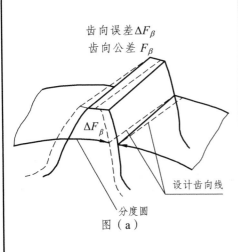 齿向误差 ΔF_β 齿向公差 F_β 图（a）	齿向误差（ΔF_β）是指分度圆柱面上，齿宽有效部分范围内（端部倒角部分除外），包容实际齿线且距离最小的两条设计齿线之间的端面距离，如图（a）所示。 　　齿线是齿面与分度圆柱面的交线。直齿轮的设计齿线一般是直线，斜齿轮的设计齿线一般是圆柱螺旋线。为了改善齿面接触，提高齿轮承载能力，设计齿线常采用修正的圆柱螺旋线，包括鼓形线、齿端修薄线及其他修形曲线。 　　引起齿向误差的主要原因是机床刀架导轨方向相对于工作台回转中心有倾斜误差，齿坯安装时内孔与心轴不同轴，或齿坯端面跳动量过大。对于斜齿轮，除以上原因外，还受机床差动传动链的调整误差的影响。 　　齿向公差（F_β）是指齿向误差的最大允许值。各级精度齿轮的 F_β 值如表 7-7 所示
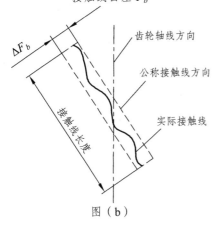 接触线误差 ΔF_b 接触线公差 F_b 图（b）	接触线误差（ΔF_b）是指在基圆柱的切平面内，平行于公称接触并包括实际接触线的两条直线的法向距离，如图（b）所示。接触线是基圆柱切平面与齿面的交线。 　　接触线误差主要是由滚刀的制造误差和安装误差引起的。刀具的安装误差引起接触线形状误差，此项误差在端面上表现为齿形误差。滚刀齿形误差引起接触线方向误差，此项误差也是产生基节偏差的原因。所以，接触线误差实际上综合反映了斜齿轮的齿向误差和齿形误差。故通过常用检验接触线误差代替齿向误差，来评定轴向重合度的窄斜齿轮的齿面接触精度。 　　接触公差（F_b）是指接触线误差的最大允许值
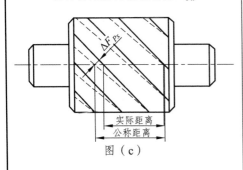 轴向齿距法向偏差 ΔF_{Px} 轴向齿距法向极限偏差 F_{Px} 图（c）	轴向齿距法向偏差（ΔF_{Px}）是指在与齿轮基准线平行而大约通过齿高中部的一条直线上，任意两个同侧齿面间的实际距离与公称距离之差，沿齿面法线方向计值，如图（c）所示。 　　轴向齿距法向偏差主要反映斜齿轮的螺旋角的误差。在滚齿中，它是由滚齿机差动传动链的调整误差、刀架导轨的倾斜、齿坯端面跳动和齿坯的安装误差等引起的。它将影响斜齿轮齿宽方向上的接触长度，并使宽斜齿轮有效接触齿数减少，从而影响齿轮承载能力。在验收宽斜齿轮时，一般选用这一选项。 　　轴向齿距法向极限偏差（F_{Px}）是指允许轴向齿距法向偏差变化的两极限值

7.4 齿轮副误差及其评定指标

相互啮合的一对齿轮组成的传动机构称为齿轮副，虽然对齿轮副中每一个齿轮都提出了精度要求，但齿轮副由于种种因素影响，也会影响齿轮传动的性能。齿轮副误差通常分为装配误差和传动误差两类。

1. 齿轮副的装配误差

齿轮副的装配误差也会影响齿轮副的啮合精度，也必须加以限制。齿轮副的装配误差参数如表 7-4 所示。

表 7-4　评定齿轮副的装配误差参数

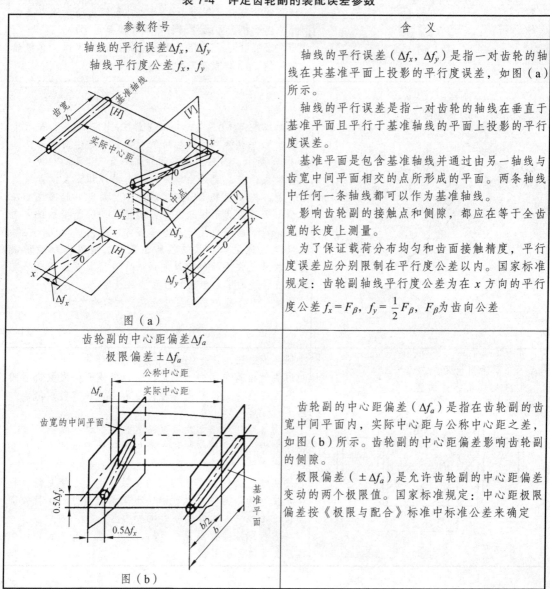

参数符号	含　义
轴线的平行误差 Δf_x, Δf_y 轴线平行度公差 f_x, f_y 图（a）	轴线的平行误差（Δf_x, Δf_y）是指一对齿轮的轴线在其基准平面上投影的平行度误差，如图（a）所示。 　　轴线的平行误差是指一对齿轮的轴线在垂直于基准平面且平行于基准轴线的平面上投影的平行度误差。 　　基准平面是包含基准轴线并通过由另一轴线与齿宽中间平面相交的点所形成的平面。两条轴线中任何一条轴线都可以作为基准轴线。 　　影响齿轮副的接触点和侧隙，都应在等于全齿宽的长度上测量。 　　为了保证载荷分布均匀和齿面接触精度，平行度误差应分别限制在平行度公差以内。国家标准规定：齿轮副轴线平行度公差为在 x 方向的平行度公差 $f_x = F_\beta$，$f_y = \dfrac{1}{2} F_\beta$，$F_\beta$ 为齿向公差
齿轮副的中心距偏差 Δf_a 极限偏差 $\pm \Delta f_a$ 图（b）	齿轮副的中心距偏差（Δf_a）是指在齿轮副的齿宽中间平面内，实际中心距与公称中心距之差，如图（b）所示。齿轮副的中心距偏差影响齿轮副的侧隙。 　　极限偏差（$\pm \Delta f_a$）是允许齿轮副的中心距偏差变动的两个极限值。国家标准规定：中心距极限偏差按《极限与配合》标准中标准公差来确定

2. 评定齿轮副的传动误差

齿轮副的传动误差对齿轮传动的运动准确性、传动平稳性、齿面接触精度及侧隙都产生影响，因此对其精度误差加以评定。齿轮副的传动误差参数如表 7-5 所示。

表 7-5　评定齿轮副的传动误差参数

参数符号	含　义
齿轮副的切向综合误差 $\Delta F'_{ic}$ 齿轮副的切向综合公差 F'_{ic} 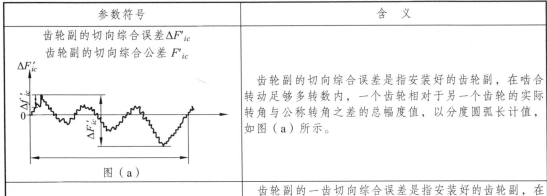 图（a）	齿轮副的切向综合误差是指安装好的齿轮副，在啮合转动足够多转数内，一个齿轮相对于另一个齿轮的实际转角与公称转角之差的总幅度值，以分度圆弧长计值，如图（a）所示。
齿轮副的一齿切向综合误差 $\Delta f'_{ic}$ 齿轮副的一齿切向综合公差 f'_{ic} 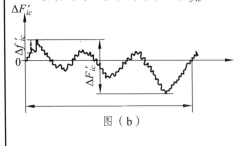 图（b）	齿轮副的一齿切向综合误差是指安装好的齿轮副，在啮合转动足够多的转数内，一个齿轮相对于另一个齿轮实际转角与公称转角之差的最大幅度值，以分度圆弧长计值，如图（b）所示。 　　齿轮副的切向综合误差和齿轮副的一齿切向综合误差分别评定齿轮副传动的准确性和平稳性。对于分度传动链用的精密齿轮副，齿轮副的切向综合误差是最重要的指标。对于高速传动用的齿轮副，两者都很重要，它们对动载系数、噪声、振动有重要影响。采用这两个指标对提高齿轮传动的质量具有重要意义。 　　国家标准规定：齿轮副的切向综合公差等于两齿轮的齿轮副的切向综合误差之和。 　　齿轮副的一齿切向综合公差等于两齿轮的齿轮副的一齿切向综合公差之和。 　　齿轮副的这两项综合评定指标，比单个齿轮的两项对应指标更直接，更为有效。因为单个齿轮的这两个对应指标不能具体反映安装误差的影响，尤其不能反映齿轮副的综合作用
齿轮副的接触斑点	齿轮副的接触斑点是指安装好的齿轮副，在轻微制动下，运转后齿面上分布的接触擦亮痕迹，如图（c）所示。 　　接触痕迹的大小在齿面展开图上用百分数计算，是沿齿长方向接触痕迹的长度与设计长度之比的百分数，即 $[(b''-c)/b']\times100\%$；是沿齿高方向接触痕迹的平均高度与设计工作高度之比的百分数，即 $(h''/h')\times100\%$。 　　所谓"轻微制动"，是指所加制动扭矩应以不使啮合齿面脱离，而又不致使任何零部件产生可以察觉的弹性变形为限度。 　　沿齿长方向的接触斑点主要影响齿轮副的承载能力，沿齿高方向的接触斑点主要影响工作平稳性。齿轮副的接触斑点综合反映了齿轮副的加工误差和安装误差，是评定齿轮接触精度的一项综合性指标。对接触斑点的要求，应标注在齿轮传动装配图的技术要求中

参数符号	含 义
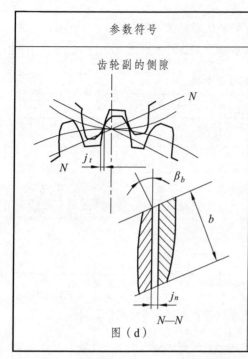 齿轮副的侧隙 图（d）	齿轮副的侧隙可分为圆周侧隙（j_t）和法向侧隙（j_n）。 圆周侧隙（j_t）是指装配好的齿轮副中一个齿轮固定时，另一个齿轮圆周的晃动量，以分度圆上弧长计值，如图（d）所示。 法向侧隙（j_n）是指装配好的齿轮副中两齿轮的工作面接触时，非工作齿面之间的法向距离，如图（d）所示。 法向侧隙与圆周侧隙之间的关系为 $j_n = j_t \cos \beta_b \cos \alpha$。 齿轮副的侧隙要求，应根据工作条件用最大极限侧隙与最小极限侧隙来规定。 齿侧间隙类似于光滑孔轴结合中的间隙，保证侧隙与齿轮的精度无光。而侧隙公差或最大侧隙则需要根据具体工作条件和精度要求做出计算

7.5 渐开线圆柱齿轮的精度设计

7.5.1 齿轮精度等级

1. 齿轮的精度等级

GB/T 10095.1—2008 对轮齿同侧齿面偏差（双啮精度的公差 F_i''、f_i'' 除外）规定了 13 个精度等级，用数字 0～12 由高到低的顺序排列，其中 0 级精度最高，12 级精度最低。0～2 级精度齿轮的精度要求非常高，目前我国只有极少数单位能够制造和测量 2 级精度齿轮，因此，0～2 级属于有待发展的精度等级；而 3～5 级为高精度等级，6～9 为中等精度等级，10～12 为低精度等级。

GB/T 10095.2—2008 对径向综合偏差（F_i''、f_i''）规定了 9 个精度等级，用数字 4～12 由高到低的顺序排列，其中 4 级最高，12 级最低。

2. 齿轮的公差

齿轮精度 5 级为齿轮偏差的基本精度等级，是计算其他精度等级偏差允许值的基础。5 级精度等级允许值的计算式如表 7-6 所示。

表 7-6　5 级精度的齿轮偏差允许值计算公式

序号	齿轮偏差	计算公式
1	单个齿距偏差	$f_{Pt} = 0.3(m + 0.4\sqrt{d}) + 4$
2	齿距累积偏差	$F_{Pk} = f_{Pt} + 1.6\sqrt{(k-1)m}$
3	齿距累积总偏差	$F_P = 0.3m + 1.25\sqrt{d} + 7$
4	齿廓总偏差	$F_a = 3.2\sqrt{m} + 0.22\sqrt{d} + 0.7$
5	螺旋线总偏差	$F_\beta = 0.1\sqrt{d} + 0.63 + \sqrt{b} + 4.2$

注：各计算式中 m、d、b、k 分别表示齿轮的法向模数、分度圆直径、齿宽（mm）和测量的齿距数。

齿轮精度指标任意精度的公差值可以按 5 级精度的公差值按式（7-1）确定。

$$T_Q = T_5 \cdot 2^{0.5(Q-5)} \tag{7-1}$$

式中　T_Q——Q 级精度的公差计算值；

　　　T_5——5 级精度的公差计算值；

　　　Q——Q 级精度的阿拉伯数字。

公差计算值中小数点后的数值应圆整，圆整规则：如果计算值大于 10，圆整到最接近的整数；如果计算值小于 10，圆整到最接近的尾数为 0.5 的小数或整数；如果计算值小于 5，圆整到最接近尾数为 0.1 的倍数的小数或整数。齿轮各级精度指标的公差值如表 7-7 ~ 7-9 所示。

表 7-7　齿轮各级精度指标的公差和极限偏差

分度圆直径 d/mm	法向模数 m_n 或齿宽 b/mm	精度等级												
		0	1	2	3	4	5	6	7	8	9	10	11	12
齿轮传递运动准确性		齿轮齿距累积总公差 F_P 值/μm												
$50 < d \leq 125$	$2 < m_n \leq 3.5$	3.3	4.7	6.5	9.5	13.	19.0	27.0	38.0	53.0	76.0	107.0	151.0	241.0
	$3.5 < m_n \leq 6$	3.4	4.9	7.0	9.5	14.0	19.0	28.0	39.0	55.0	78.0	110.0	156.0	220.0
$125 < d \leq 280$	$2 < m_n \leq 3.5$	4.4	6.0	9.0	12.0	18.0	25.0	35.0	50.0	70.0	100.0	141.0	199.0	282.0
	$3.5 < m_n \leq 6$	4.5	6.5	9.0	13.0	18.0	25.0	36.0	51.0	72.0	102.0	144.0	204.0	288.0
齿轮传动平稳性		齿轮单个齿距极限偏差 $\pm f_{Pt}$ 值/μm												
$50 < d \leq 125$	$2 < m_n \leq 3.5$	1.0	1.5	2.1	2.9	4.1	6.0	8.5	12.0	17.0	23.0	33.0	47.0	66.0
	$3.5 < m_n \leq 6$	1.1	1.6	2.3	3.2	4.6	6.5	9.0	13.0	18.0	26.0	36.0	52.0	73.0
$125 < d \leq 280$	$2 < m_n \leq 3.5$	1.1	1.6	2.3	3.2	4.6	6.5	9.0	13.0	18.0	26.0	36.0	52.0	73.0
	$3.5 < m_n \leq 6$	1.2	1.8	2.5	3.5	5.0	7.0	10.0	14.0	20.0	28.0	40.0	56.0	79.0
齿轮传动平稳性		齿轮齿廓总公差 F_α 值/μm												
$50 < d \leq 125$	$2 < m_n \leq 3.5$	1.4	2.0	2.8	3.9	5.5	8.0	11.0	16.0	22.0	31.0	44.0	63.0	89.0
	$3.5 < m_n \leq 6$	1.7	2.4	3.4	4.8	6.5	9.5	13.0	19.0	27.0	38.0	54.0	76.0	108.0
$125 < d \leq 280$	$2 < m_n \leq 3.5$	1.6	2.2	3.2	4.5	6.5	9.0	13.0	18.0	25.0	36.0	50.0	71.0	101.0
	$3.5 < m_n \leq 6$	1.9	2.6	3.7	5.5	7.5	11.0	15.0	21.0	30.0	42.0	60.0	84.0	119.0
轮齿载荷分布均匀性		齿轮螺旋线总公差 F_β 值/μm												
$50 < d \leq 125$	$20 < b \leq 40$	1.5	2.1	3.0	4.2	6.0	8.5	12.0	17.0	24.0	34.0	48.0	68.0	95.0
	$40 < b \leq 80$	1.7	2.5	3.5	4.9	7.0	10.0	14.0	20.0	28.0	39.0	56.0	79.0	111.0
$125 < d \leq 280$	$20 < b \leq 40$	1.6	2.2	3.2	4.5	6.5	9.0	13.0	18.0	25.0	36.0	50.0	71.0	101.0
	$40 < b \leq 80$	1.8	2.6	3.6	5.0	7.5	10.0	15.0	21.0	29.0	41.0	58.0	82.0	117.0

表 7-8　齿轮径向跳动公差值　　　　　　　　　　　　　　　　　　　　μm

分度圆直径 d/mm	法向模数 m_n/mm	精度等级												
		0	1	2	3	4	5	6	7	8	9	10	11	12
50<d≤125	2.0<m_n≤3.5	2.5	4.0	5.5	7.5	11	15	21	30	43	61	86	121	171
	3.5<m_n≤6.0	3.0	4.0	5.5	8.0	11	16	22	31	44	62	88	125	176
125<d≤280	2.0<m_n≤3.5	3.5	5.0	7.0	10	14	20	28	40	56	80	113	159	225
	3.5<m_n≤6.0	3.5	5.0	7.0	10	14	20	29	41	58	82	115	163	231

表 7-9　齿轮双啮精度指标的公差值

分度圆直径 d/mm	法向模数 m_n/mm	精度等级								
		4	5	6	7	8	9	10	11	12
齿轮传递运动准确性		齿轮径向综合总公差 F_i'' 值/μm								
50<d≤125	1.5<m_n≤2.5	15	22	31	43	61	86	122	173	244
	2.5<m_n≤4.0	18	25	36	51	72	102	144	204	288
	4.0<m_n≤6.0	22	31	44	62	88	124	176	248	351
125<d≤280	1.5<m_n≤2.5	19	26	37	53	75	106	149	211	299
	2.5<m_n≤4.0	21	30	43	61	86	121	172	243	343
	4.0<m_n≤6.0	25	36	51	72	102	144	203	287	406
齿轮传动平稳性		齿轮一齿径向综合公差 F_i'' 值/μm								
50<d≤125	1.5<m_n≤2.5	4.5	6.5	9.5	13	19	26	37	53	75
	2.5<m_n≤4.0	7.0	10	14	20	29	41	58	82	116
	4.0<m_n≤6.0	11	15	22	31	44	62	87	123	174
125<d≤280	1.5<m_n≤2.5	4.5	6.5	9.5	13	19	27	38	53	75
	2.5<m_n≤4.0	7.5	10	15	21	29	41	58	82	116
	4.0<m_n≤6.0	11	15	22	31	44	62	87	124	175

　　国家标准根据齿轮加工误差的特性及它们对传动性能的影响，将齿轮各项公差与极限偏差分成三组，如表 7-10 所示。

表 7-10　齿轮的公差组

公差组	公差与偏差项目	对传动性能的影响
Ⅰ	F_i', F_P, F_{Pk}, F_i'', F_r, F_W,	传递运动的准确性
Ⅱ	f_i', f_i'' f_f, f_{Pt}, f_{Pb}, $f_{f\beta}$	传递运动的平稳性
Ⅲ	F_β, F_b, F_{Px}	载荷分布的均匀性

　　根据使用要求不同，对三个公差组可以选用相同的公差等级，也可以选用不同的公差等级，但在同一公差组内，各项公差与极限偏差应保持相同的精度等级。

关于齿轮的精度等级，应对三个公差组的精度等级分别说明。在设计和制造齿轮时，以三个公差组中最高级别来考虑齿轮的精度；在检查和验收时，以三个公差组中最低精度来评定齿轮的精度等级。

3. 齿坯的精度

齿坯是指切齿工序前的工件（毛坯），齿坯的精度对切齿工序的精度有很大的影响，适当提高齿坯的精度，可以获得较高的齿轮精度，而且比提高切齿工序的精度更为经济。

齿坯的尺寸公差如表 7-11 所示。

表 7-11　齿坯尺寸公差

齿轮精度等级		5	6	7	8	9	10	11	12
孔	尺寸公差	IT5	IT6	IT7		IT8		IT9	
轴	尺寸公差	IT5		IT6		IT7		IT8	
顶圆直径		$\pm 0.05m$							

由于齿轮的齿廓、齿距和齿向等要素的精度都是相对于其轴线定义的，因此，对于齿坯的精度要求是指出基准轴线并给出相关要素的形位公差的要求。

齿坯的工作基准主要有三种确定方法。

（1）一个长圆柱（锥）面的轴线，如图 7-12 所示。

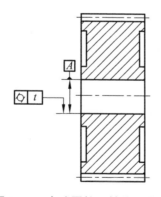

图 7-12　内孔圆柱面轴线作基准

（2）两个短圆柱（锥）面的公共轴线，如图 7-13 所示。

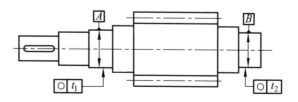

图 7-13　两个短圆柱面公共轴线作基准

（3）垂直于一个端平面且通过一个短圆柱面的轴线，如图 7-14 所示。

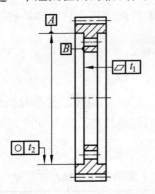

图 7-14　垂直于端面的短圆柱面轴线作基准

　　齿坯基准面的精度对齿轮的加工质量有很大影响，应控制其形位公差，国家标准规定值如表 7-12 所示。

表 7-12　齿坯形位公差推荐值

公差项目		公差值
圆度		$0.04（L/b）F_\beta$ 或 $0.06F_P$ 或 $0.1F_P$ 取两者中小值
圆柱度		$0.04（L/b）F_\beta$ 或 $\sim 0.1F_P$
平面度		$0.06（D_d/b）F_\beta$
圆跳动	径向	$0.15（L/b）F_\beta$ 或 $0.3F_P$ 取两者中大值
	端面	$0.2（D_d/b）F_\beta$

　　齿轮各表面粗糙度 Ra 推荐值如表 7-13 所示。

表 7-13　表面粗糙度推荐值

齿轮精度等级	$Ra/\mu m$	
	$m<6$	$6\leqslant m\leqslant 25$
5	0.5	0.63
6	0.8	1.00
7	1.25	1.60
8	2.0	2.5
9	3.2	4.0
10	5.0	6.3
11	10.0	12.5
12	20	25

7.5.2 齿轮副侧隙

1. 齿轮副侧隙概述

在一对装配好的齿轮副中，侧隙是相互啮合轮齿间的间隙，是齿轮在节圆上齿槽宽度超过相啮合齿轮齿厚的量。在齿轮的设计中，为了保证传动比恒定，消除反向的空程和减少冲击，都是按照无侧隙啮合进行设计。但在实际生产过程中，为了保证齿轮良好的润滑，补偿齿轮因制造误差、安装误差以及热变形等对齿轮传动造成的不良影响，必须在非工作面留有侧隙。

齿轮副侧隙是在齿轮装配后自然形成的，侧隙的大小主要取决于齿厚和中心距。在最小中心距条件下，通过改变齿厚偏差来获得大小不同的齿侧间隙。

由于侧隙用减小齿厚来获得，因此可以用齿厚极限偏差来控制侧隙大小。国家标准中规定了 14 种齿厚极限偏差代号，用 14 个大写英文字母表示，每种代号所表示的齿厚极限偏差值为该代号所对应的系数与齿距极限偏差 f_{Pt} 的乘积，如图 7-15 所示。选取其中两个字母组成侧隙代号，前一个字母表示齿厚上偏差，后一个字母表示齿厚下偏差，由上下偏差组成齿厚公差带，以满足不同的侧隙要求。

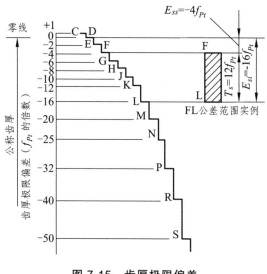

图 7-15　齿厚极限偏差

GB/T 10095—2008 规定，当所选的齿厚极限偏差超出图中所列代号时，允许自行规定。

2. 齿厚极限偏差的确定

齿厚极限偏差的确定一般采用计算法。

（1）首先确定齿轮副所需的最小法向侧隙。

齿轮副的侧隙按齿轮的工作条件确定，与齿轮的精度等级无关。在工作时有较大温升的齿轮，为避免发热卡死，要求有较大的侧隙。对于需要正反转或有读数机构的齿轮，为避免空程影响，则要求较小的侧隙。设计齿轮的最小法向侧隙（$j_{n,min}$）应足以补偿齿轮工作时温升所引起的变形，并保证正常滑润。对于用黑色金属材料制造的齿轮及箱体，齿轮工作时节圆线速度小于 15 m/s 时，可按式（7-2）确定，国家标准对最小侧隙推荐数值如表 7-14 所示。

$$j_{n,min} = \frac{2}{3}(0.06 + 0.000\,5a + 0.03m) \tag{7-2}$$

表 7-14　最小侧隙推荐数值　　　　　　　　　　　　　mm

模数（m）	中心距（a）			
	100	200	400	800
1.5	0.09	0.11	—	—
2	0.10	0.12	—	—
3	0.12	0.14	0.24	—
5	—	0.18	0.28	—
8	—	0.24	0.34	0.47

（2）确定齿厚的上偏差。

确定齿轮副中两个齿轮的上偏差 E_{ss1} 和 E_{ss2} 时，应考虑除保证形成齿轮副所需的最小极限侧隙外，还要补偿由于齿轮的制造误差和安装误差所引起的侧隙减少量。因此，齿厚上偏差取决于侧隙，而与齿轮精度无关。由于实际齿轮是在公称齿厚基础上减薄一定数值来获得齿侧间隙，故齿厚的上、下偏差均为负值。

在齿轮副中，两齿轮的齿厚上偏差一般采用等值分配，即 $E_{ss1} = E_{ss2} = E_{ss}$，则齿厚上偏差按式（7-3）确定。

$$E_{ss} = -\frac{j_{n,min}}{2\cos\alpha} \tag{7-3}$$

如果采用不等值分配，一般大齿轮的齿厚减薄量略大于小齿轮的齿厚减薄量，以尽量保证小齿轮的齿轮强度。

（3）确定齿厚公差 T_s 和齿厚下偏差 E_{si}。

齿厚公差 T_s 反映齿厚的允许变动范围，应按齿轮加工的技术水平或由实践经验确定。齿厚公差由齿圈径向跳动公差和切齿时径向进刀公差 b_r 组成，可按式（7-4）确定。

$$T_s = \sqrt{F_r^2 + b_r^2} \cdot 2\tan\alpha_n \tag{7-4}$$

式中　F_r——齿圈径向跳动公差；

　　　b_r——切齿时径向进刀公差，大小如表 7-15 所示。

表 7-15　切齿进径向进刀公差 b_r

公差等级	4	5	6	7	8	9
b_r	1.26（IT7）	IT8	1.26（IT8）	IT9	1.26（IT9）	IT10

注：表中 IT 值按齿轮分度圆直径从标准公差数值表中查取。

齿厚下偏差 E_{si} 可按式（7-5）确定。

$$E_{si} = E_{ss} - T_s \qquad (7\text{-}5)$$

（4）确定齿厚极限偏差代号。

按上述方法确定的齿厚上下偏差，一般应标准化，即确定相应的字母代号。将齿厚上下偏差分别除以齿距极限偏差 f_{Pt}，根据 E_{ss}/f_{Pt} 和 E_{si}/f_{Pt} 值，从图 7-15 中选取相应的齿厚极限偏差代号。

如果齿侧间隙要求严格，不便修约，或侧隙大，无法采用国标 14 种代号表示，允许直接用齿厚极限偏差标注。

（5）计算公法线平均长度上偏差 E_{wms}、下偏差 E_{wmi} 和公差 E_{wm}。

如前所述，公法线平均长度极限偏差能反映齿厚减薄的情况，且测量准确、方便。因此，对于外齿轮，可以用公法线平均长度的极限偏差代替齿厚极限偏差，换算关系如式（7-6）～（7-8）所示。

$$E_{wms} = E_{ss} \cos \alpha_n - 0.72 F_r \sin \alpha_n \qquad (7\text{-}6)$$

$$E_{wmi} = E_{si} \cos \alpha_n + 0.72 F_r \sin \alpha_n \qquad (7\text{-}7)$$

$$T_{wm} = T_s \cos \alpha_n - 1.442 F_r \sin \alpha_n \qquad (7\text{-}8)$$

用计算法确定齿厚上下偏差的代号比较麻烦。对于一般的传动齿轮，也可参考《机械设计手册》，用类比法确定。

7.5.3　齿轮精度的标注与设计

1. 齿轮精度的标注

（1）当所有齿轮精度指标的公差同为某一个精度等级时，图样上可标注该精度等级和标准号。

示例 1：齿轮 3 个公差组同为 7 级，齿厚上偏差为 F，下偏差为 L。

示例 2：齿轮 3 个公差组精度为 4 级，齿厚上偏差为 – 270 μm，下偏差为 – 405 μm。

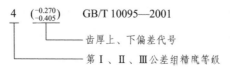

（2）当齿轮各个精度指标的公差的精度等级不同时，图样上可按齿轮传递运动准确性、齿轮传动平稳性和齿轮载荷分布均匀性的顺序分别标注它们的精度等级及带括号的对应公差、极限偏差符号和标准号，或分别标注它们的精度等级和标准号。

示例 1：齿轮第 I 公差组精度为 7 级，第 II 公差组公差精度为 6 级，第 III 公差组精度为 6 级，齿厚上偏差为 G，下偏差为 M。

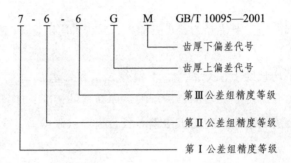

2. 齿轮精度设计

（1）确定齿轮的精度等级。

选择齿轮的精度等级时，必须以齿轮传动的用途、使用条件以及对它的技术要求为依据，即要考虑齿轮的圆周速度、所传递的功率、工作持续时间、工作规范、对传递运动的准确性、平稳性、无噪声和振动性的要求。

确定齿轮精度等级的方法有计算法和类比法两种。由于影响齿轮传动精度的因素多而复杂，按计算法确定齿轮精度。类比法是根据以往产品设计、性能试验、使用过程中所积累的经验以及较可靠的技术资料进行对比，从而确定齿轮的精度等级。

生产实践中各级精度等级的齿轮应用如表 7-16 所示。

表 7-16　齿轮精度等级的应用

齿轮用途	精度等级	齿轮用途	精度等级	齿轮用途	精度等级
测量齿轮	2～5	轻型汽车	5～8	轧钢机	5～10
汽轮机减速器	3～6	机车	6～7	起重机械	6～10
金属切削机床	3～8	通用减速器	6～8	矿山绞车	8～10
航空发动机	3～7	载重汽车、拖拉机	6～9	农业机械	8～10

在机械传动中应用最多的齿轮既传递运动又传递动力，其精度等级与圆周速度密切相关，因此可计算出齿轮的最高圆周速度。齿轮精度等级的选用如表 7-17 所示。

表 7-17　齿轮精度等级的选用

精度等级	圆周速度/（m/s）		齿面的终加工	工作条件
	直齿	斜齿		
3 级（极精密）	~40	~75	特别精密的磨削和研齿；用精密滚刀或单边剃齿后的大多数不经淬火的齿轮	要求特别精密的或在最平稳且无噪声的特别高速下工作的齿轮传动；特别精密机构中的齿轮；特别高速传动（透平齿轮）；检测 5~6 级齿轮用的测量齿轮
4 级（特别精密）	~35	~70	精密磨齿；用精密滚刀和挤齿或单边剃齿后的大多数齿轮	特别精密分度机构中或在最平稳且无噪声的极高速下工作的齿轮传动；特别精密分度机构中的齿轮；调整透平传动；检测 7 级齿轮用的测量齿轮
5 级（高精密）	~20	~40	精密磨齿；大多数用精密滚刀加工，进而挤齿或剃齿的齿轮	精密分度机构中或要求极平稳且无噪声的高速工作的齿轮传动；精密机构用齿轮；透平齿轮；检测 8 级和 9 级齿轮用测量齿轮
6 级（高精密）	~16	~30	精密磨齿或剃齿	要求最高效率且无噪声的调整下平衡工作的齿轮传动或分度机构的齿轮传动；特别重要的航空、汽车齿轮；读数装置用特别精密传动的齿轮
7 级（精密）	~10	~15	无须热处理，仅用精确刀具加工的齿轮；至于淬火齿轮，必须精整加工（磨齿、挤齿、珩齿等）	增速和减速用齿轮传动；金属切削机床送刀机构用齿轮；调整减速器用齿轮；航空、汽车用齿轮；读数装置用齿轮
8 级（中等精密）	~6	~10	不磨齿，必要时光整加工或对研	无须特别精密的一般机械制造用齿轮，包括在分度链中的机床传动齿轮；飞机、汽车制造业中的不重要齿轮；起重机构用齿轮；农业机械中的重要齿轮、通用减速器齿轮
9 级（较低精密）	~2	~4	无须特殊光整工作	用于粗糙工作的齿轮

（2）确定检验项目。

考虑选用齿轮检验项目的因素很多，概括起来大致有以下几方面。

① 齿轮的精度等级和用途；② 检验的目的，是工序间检验还是完工检验；③ 齿轮的切齿工艺；④ 齿轮的生产批量；⑤ 齿轮的尺寸大小和结构形式；⑥ 生产企业现有测试设备情况等。

齿轮精度标准 GB/T 10095.1—2008 及其指导性技术文件中给出的偏差项目虽然很多，但作为评价齿轮质量的客观标准，齿轮质量的检验项目应该主要是单向指标，即齿距偏差、齿廓总偏差、螺旋线总偏差及齿厚极限偏差。标准中给出的其他参数，一般不是必检项目，而是根据供需双方的具体要求协商确定的，推荐检验组如表 7-18 所示。

表 7-18　推荐的齿轮检验组

检验组	检验项目	适用等级	测量仪器
1	F_P、F_α、F_β、E_{sn}	3～9	齿距仪、齿形仪、齿向仪、齿厚卡尺
2	F_P、F_{Pk}、F_α、F_β、E_{sn}	3～9	齿距仪、齿形仪、导程仪、公法线千分尺
3	F_P、f_{Pt}、F_α、F_β、E_{sn}	3～9	齿距仪、齿形仪、齿向仪、公法线千分尺
4	F_i'、f_i''、F_β、E_{sn}	6～9	双面啮合测量仪、齿厚卡尺、齿向仪
5	F_r、f_{Pt}、F_β、E_{sn}	8～12	摆差测量仪、齿距仪、齿厚卡尺
6	F_i'、f_i'、F_β、E_{sn}	3～6	单啮仪、齿向仪、公法线千分尺
7	F_r、f_{Pt}、F_β、E_{sn}	10～12	摆差测量仪、齿距仪、公法线千分尺

（3）确定最小侧隙和计算齿厚偏差。

参照本章 7.5.2 节的内容，由齿轮副的中心距合理地确定最小侧隙值，计算确定齿厚极限偏差。

（4）确定齿坯公差和表面粗糙度。

根据齿轮的工作条件和使用要求，参考 GB/Z 18620.3—2008、GB/Z 18620.4—2008 确定齿坯的尺寸公差、形位公差和表面粗糙度。

（5）绘制齿轮工作图。

绘制齿轮工作图，填写规格数据表，标注相应的技术要求。

【工程实例 7-1】在减速器装配图中，输出轴上直齿圆柱齿轮，已知模数 m = 3.0 mm，输入轴齿数 Z_1 = 26，输出轴齿数 Z_2 = 76，齿形角 α = 20°，齿宽 b = 63 mm，中心矩 a = 153 mm，孔径 D = 60 mm，输出转速 n = 500 r/min，轴承跨距 L = 110 mm，齿轮材料为 45 钢，减速器箱体为铸铁，齿轮工作温度 55 ℃，小批量生产。

试确定齿轮的精度等级、检验组、有关侧隙的指标、齿轮坯公差和表面粗糙度，绘制齿轮工作图。

【解】（1）确定齿轮的精度等级。

普通减速器传动齿轮，由表 7-16 初步选定，齿轮的精度等级在 6～8 级。根据齿轮输出轴转速 n = 500 r/min，齿轮的圆周速度为

$$v = \frac{\pi dn}{1\,000 \times 60} = \frac{3.14 \times 3 \times 76 \times 500}{1\,000 \times 60} = 5.96 \ （\text{m/s}）$$

由表 7-17 确定齿轮的精度等级为 8 级。

（2）确定检验项目。

普通减速器传动齿轮，小批量生产，中等精度，无振动、噪声等特殊要求，由表 7-18 选用第 1 检验组（F_P、F_α、F_β、E_{sn}）。

减速器从动齿轮的分度圆直径 $d = m \times Z_2 = 3 \times 76 = 228$ （mm）。

由表 7-7 得 F_P = 0.070 mm；

由表 7-7 得 F_α = 0.025 mm；

齿宽 $b = 63$ mm，由 7-7 表得 $F_\beta = 0.029$ mm；

由 7-8 表得 $F_r = 0.056$ mm。

（3）确定最小侧隙和计算齿厚偏差。

减速器中两齿轮中心距：

$$a = \frac{m(Z_1 + Z_2)}{2} = 153 \text{ mm}$$

按公式（7-2）计算或查表 7-14 得最小侧隙为

$$j_{n,min} = \frac{2}{3}(0.06 + 0.000\,5a + 0.03m) = 0.151 \text{ mm}$$

由式（7-3）得齿厚上偏差 E_{ss}：

$$E_{ss} = -\frac{j_{n,min}}{2\cos\alpha} = -0.081 \text{ mm}$$

由表 7-15 得 $b_r = 1.26 \times \text{IT9} = 0.145$ mm。

由式（7-5）得齿厚公差 T_s：

$$T_s = \sqrt{F_r^2 + b_r^2} \cdot 2\tan\alpha = 0.112 \text{ mm}$$

由式（7-6）得齿厚下偏差 E_{si}：

$$E_{si} = E_{ss} - T_s = -0.031 \text{ mm}$$

（4）确定齿坯公差和表面粗糙度。

内孔尺寸偏差：内孔精度等级为 IT7；查表 7-11 得 $\phi60\text{H7E} = \phi60^{+0.030}_{0}\text{E}$ mm。

齿顶圆直径偏差：当以齿顶圆作为测量齿厚的基准时，齿顶圆直径为

$$d = (Z_2 + 2)m = 234 \text{ mm}$$

齿顶圆直径及极限偏差：

$$\pm T_d = \pm 0.05 \text{ m} = \pm 0.15 \text{ mm}$$

各基准面的形位公差：

内孔圆柱度公差 t_1，由表 7-12 得 $t_1 = 0.002$ mm。

端面圆跳动公差 t_2，由表 7-12 得 $t_2 = 0.015$ mm。

齿顶圆径向圆跳动公差 t_3，由表 7-12 得 $t_3 = 0.002$ mm。

齿轮表面粗糙度：查表 7-13 确定齿轮表面粗糙度。

齿轮齿面粗糙度：硬齿面 $Ra \leqslant 1.6$ μm；齿坯内孔 Ra 上限值 1.6 μm；端面 Ra 上限值 3.2 μm；顶圆 Ra 上限值 6.3 μm；其余表面粗糙度上限值 12.5 μm。

（5）绘制齿轮工作图。

绘制齿轮工作图，如图 7-16 所示，填写规格数据表，如表 7-19 所示，并标注相应的技术要求。

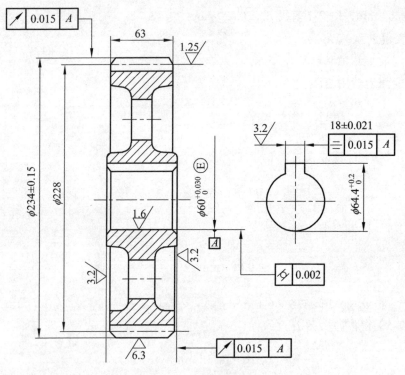

图 7-16 齿轮工作图

表 7-19 齿轮规格数据表

模数	m	3
齿数	Z	76
齿形角	α	20
精度	8（GB/T 10095.1—2008）	
齿距累积总公差	F_P	0.070
齿轮径向跳动公差	F_r	0.056
齿廓总公差	F_α	0.025
螺旋线总公差	F_β	0.029

技术要求：

（1）热处理调质 210～230HBS；

（2）未注尺寸公差按 GB/T 1804-m。

（3）未注形位公差按 GB/T 1184-K。

8 机械系统的精度设计

在机械产品的设计过程中，一般要进行三方面的计算：运动分析与计算、强度和刚度的分析与计算、几何精度的分析与计算。其中几何精度的分析与计算就是机械系统的精度设计。

8.1 概　述

机械产品的精度设计是机械设计与制造中的重要环节，尺寸精度是机械零件基本几何精度的主体，形状和位置精度是基本几何精度的重要组成部分。机器的几何精度的分析与计算是多方面的，但归结起来，设计人员总是要根据给定的整机精度，最终确定出各个组成零件的精度，如尺寸公差、形状和位置公差，以及表面粗糙度等参数值。

8.1.1 精度设计在机械设计中的地位及其发展

通常，精度影响产品性能的各个方面，如噪声水平、运转平稳性、加工经济性、外观宜人性等。精度设计是否正确、合理，对产品的使用性能和制造成本，对企业生产的经济效益和社会效益都有着重要的影响，有时甚至起决定作用。精度提高必然带来产品成本费用的提高，现实生产中是以满足功能要求且考虑生产过程的经济性来控制精度的。客观上，精度设计分别在两个领域中进行，即产品设计过程中的精度设计和零件加工、装配工艺设计过程中的精度设计。通常需要协调两方面问题：一是精度选择相对较低，产品使用时其质量不能达到最好，工厂潜力没能充分挖掘；另一个是对于较低的用户要求而选用了较高的精度等级，造成不必要的损失。

产品的质量、成本、寿命及效益都与精度设计有着密切关系。对于公差值的确定，传统精度设计主要依靠尺寸链原理来实现。随着科学与生产技术的发展，计算机等多学科的先进技术在机械制造业中得到了广泛的应用，CIMS 和 CAD/CAM 已取得了重大的突破和引人注目的成就，而机械零件的精度设计尚处于人工或半人工处理阶段，这种状况显然无法与CAD/CAM 集成，无法与 CIMS 发展相适应。自从 1978 年挪威学者 O. Bjorke 在《Computer Aided Tolerancing》一书中提出计算机辅助公差技术以来，国内外许多学者在此领域做了大量的研究工作，并取得了一些成果。国内对公差设计的研究工作主要集中在对尺寸公差模型的研究上。例如，对非线性尺寸链应用的研究，从尺寸链中封闭环与组成环之间的数学关系出发，提出了非线性尺寸链的概念，并以误差和全微分原理为基础，总结了规范化的尺寸链误差分析计算的统一求解方法；对并联尺寸链解算的探讨，提出了采用精度系数来评定并联尺寸链中各独立尺寸链的精度；对机构精度设计的研究，重点分析了精度分配的多重卷积算法和价值分析法，产生了一些研究成果和应用软件。

在大多数情况下，产品的输出特性都可以用其构成零部件的几何参数来描述，因而，产品输出特性的变化与零件几何精度方面也可以建立起相应的数学方程。部分著作中提出的机械产品精度并行设计数学模型，其目的就是建立产品输出特性的波动量与加工公差之间的关系。在总结已有设计成果的基础上，建立产品输出特性的波动量与原始设计参数之间的关系是值得研究的方向，它有利于在更高水平上的再设计。

计算机辅助精度设计技术的研究方向可分为两个方面：一方面是用计算机实现计算机辅助精度设计的研究；另一方面是基于规则推理的精度设计专家系统的研究。在数字化迅猛发展的今天，产品几何技术规范（GPS）正在使互换性与技术测量的理论体系从理想几何形面为基础向数字模型为基础的技术测量方向过渡，这一切也将促使计算机技术在互换性与测量领域加速发展。

8.1.2 机械精度设计的分类、决定因素及主要内容

机械精度设计的评价指标是误差，相对误差越小，精度越高。从研究角度出发，机械精度可以有三种不同的分类方法，如表 8-1 所示。

表 8-1 机械精度设计的分类

依据特征	分类结果
误差性质	静态精度设计和动态精度设计
设计对象	零件精度设计、机构精度设计和机器精度设计
设计公差和工序公差的关系	分布精度设计和并行精度设计

根据零件设计精度制造出的零件，装配成机器或机构后，还不一定能达到给定的精度要求。因为机器在运动过程中，所处的环境条件（如电压、气温、湿度、振动等）及所受的负荷都可能发生变化，造成相关零件的尺寸发生变化；或者相对运动的零件耦合后，其几何精度在运动过程中也能发生改变。事实上，由于现代机械产品正朝着机光电一体化的方向发展，这样的产品，其精度问题已不再是单纯的尺寸误差、形状和位置误差等几何量精度问题，而是还包括光学量、电学量等及其误差在内的多量纲精度问题，其分析与计算与传统的几何量精度分析更为复杂和困难。

本章主要研究机械精度设计的基本工具——尺寸链及其应用。在此基础上，简要介绍统计尺寸公差和计算机辅助精度设计的主要方法和步骤。

8.2　尺寸链的基本概念

质量驱动是当今设计的潮流。构造各种尺寸链是直接反映几何形状描述参数之间相互关系的技术手段之一，而尺寸链原理与应用就是在设计、加工、装配几个环节中研究各种参数（尺寸公差、形状和位置公差）相互依赖、相互制约的关系，从而保证合理、经济、方便地满足用户对产品质量的要求。

8.2.1　尺寸链的有关术语

尺寸链是在机器装配或零件加工过程中，由相互连接的尺寸形成的封闭尺寸组。尺寸链所研究的主要对象是机械零件之间的几何参数，包括长度尺寸与角度尺寸微小变化的关系。这些尺寸的微小变化最终体现为对机器质量各个相应性能指标的影响。

如图 8-1 所示，半联轴器的轴向尺寸由法兰边缘厚度 A_0、法兰全长 A_1 和法兰肩 A_2 组成一个简单的封闭尺寸链。显然，尺寸链至少有 3 个尺寸组成，它们的大小相互影响，具有封闭性。

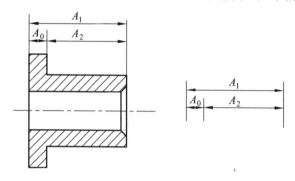

图 8-1　尺寸链图

研究尺寸链过程中涉及的基本术语及其定义与说明如表 8-2 所示。

表 8-2　尺寸链的基本术语及其定义与说明

基本术语	定义与说明
环	构成尺寸链的各个尺寸，可分为封闭环和组成环
封闭环	加工或装配过程中最后自然形成的那个尺寸，如图 8-1 中的 A_0 所示
组成环	尺寸链中除封闭环以外的其他环。 　根据组成环对封闭环影响的不同，又分为增环和减环。在装配尺寸链中的组成环，根据需要还可以采用补偿环的形式，如图 8-6（a）中的 A_3 所示。虽然补偿环作为一种特殊的组成环，本身也有公差，而且增加补偿同时也增加了组成环数，但是，其补偿量是以其基本尺寸的可变量来实现的。所以，补偿环本身公差大小并不需要太严，精度也不需要太高
增环	与封闭环同向变动的组成环称为增环，即当该组成环尺寸增大（或减小）而其他组成环不变时，封闭环的尺寸也随之增大（或减小），如图 8-1 中的 A_1 所示
减环	与封闭环反向变动的组成环称为减环，即当该组成环尺寸增大（或减小）而其他组成环不变时，封闭环的尺寸却也随之减小（或增大），如图 8-1 中的 A_2 所示
传递系数	各组成环对封闭环影响大小的系数，称为传递系数，用 ξ 表示

8.2.2 尺寸链的分类

尺寸链的研究对象是一个误差彼此制约的广义尺寸系统，其基本关系就是组成环及封闭环之间的相互影响关系。对尺寸链进行分类，有利于从不同需要，针对性地研究特定领域的某些问题。可以从不同角度对尺寸链进行分类，表 8-3 所示是常见的分类方法。

表 8-3　尺寸链分类一览表

分类依据	分类形式	特点与说明
组成环的几何性质	线性尺寸链	各环均为长度尺寸，长度环的代号用大写斜体英文字母 A、B、C…表示，如图 8-1 所示
	角度尺寸链	各环均为角度，角度环的代号用小写斜体希腊字母 α、β、γ…表示，如图 8-2 所示
组成环的空间位置	直线尺寸链	各个组成环平行，如图 8-1 所示
	平面尺寸链	如图 8-3 所示，床身 2 上的齿条与走刀箱 3 上的齿轮，通过床鞍 1 及两块过渡导板组成一个平面尺寸链，其封闭环 A_0 反映齿轮副的啮合间隙
	空间尺寸链	如图 8-4 所示，组成环位于几个不平行平面内的尺寸链
尺寸链结构形式	串联尺寸链	两个尺寸链之间有一个公共基准面，大多数轴类零件的轴向尺寸会形成若干个串联尺寸链
	并联尺寸链	两个尺寸链之间有一个或几个公共环，如图 8-7（b）和（c）所示的 Q
	混联尺寸链	由若干个并联尺寸链和串联尺寸链混合组成的复杂尺寸链
生产中的应用	装配尺寸链	如图 8-6 所示，组成环为不同零件设计尺寸所形成
	零件尺寸链	如图 8-8 所示，全部组成环为同一零件尺寸所形成
	工艺尺寸链	如图 8-5 所示，车外圆、铣键槽、磨外圆、保证键槽深度的工艺过程形成的尺寸链

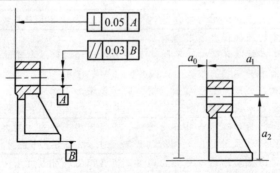

图 8-2　角度尺寸链

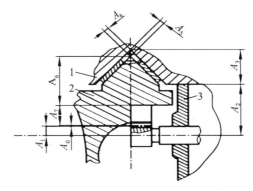

图 8-3 平面尺寸链

1—床鞍；2—床身；3—走刀箱

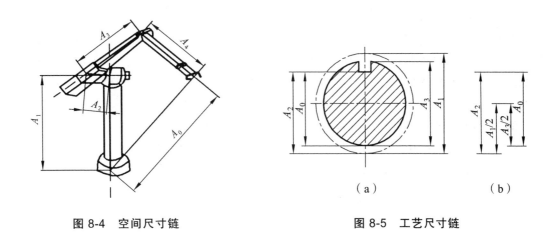

图 8-4 空间尺寸链

图 8-5 工艺尺寸链

本章重点讨论线性尺寸链的解算问题。在后续尺寸链计算中，广义孔和轴具有同样重要的意义，不予区分。尺寸和公差符号均用统一的大写字母表示。

8.3 尺寸链的建立

尺寸链由正确实现机器各项功能指标的客观载体的特征参数组成。尺寸链原理是控制工艺误差、保证设计精度的科学。建立尺寸链的基本关系是解算尺寸链，是进行精度设计的关键。只有正确的构造尺寸链，选择具有代表意义的封闭环，才可能在精度设计中正确分配组成环公差、合理协调设计对象各项精度指标的要求。

建立尺寸链时一般需要以下 3 个步骤：确认封闭环、查明组成环和绘制尺寸链简图，下面分别详细进行叙述。

8.3.1　步骤1：确认封闭环

一个尺寸链中只有一个封闭环。对于装配尺寸链而言，封闭环就是产品上有装配精度要求的尺寸，如同一个部件中各零件之间相互位置要求的尺寸或保证相互配合零件配合性能要求的间隙或过盈量。对于零件尺寸链而言，封闭环应为公差等级要求最低的环，一般在零件图上不进行标注，以免引起加工中的混乱。而工艺尺寸链的封闭环是在加工中最后自然形成的环，一般为被加工零件要求达到的设计尺寸或工艺过程中需要的余量尺寸。

分析机器的装配形式，找出体现最终自然尺寸或者性能需要的封闭环是构造尺寸链必须完成的第一步，也是将机械设计各项功能指标形式化处理的第一步。一般而言，封闭环是尺寸链中在装配过程或加工过程最后形成的一环，它直接反映机器或零部件的主要性能指标。

【工程实例8-1】装配尺寸链分析。

选择二级圆柱齿轮减速器中间轴上所采用的深沟球轴承61808及其相关零件组成的装配结构。为了确保运动件和静止箱体侧壁之间的间隙，避免运动过程中有可能发生的干涉现象，试分析装配尺寸链，确定其封闭环。

首先确定主功能指标对应的尺寸链链环，即封闭环。如图8-6（a）中的间隙A_0是实际装配各个零件后自然形成的间隙，最终体现的就是各种公差要求的组合约束，即机器整体性能指标得以实现的依托。同时，A_0也是尺寸链组成环精度分配的出发点。一般地，反映机器质量的性能指标并不唯一，而是由若干个指标综合来体现机器的质量要求。但是，这些指标中的每一个只能唯一地由一个相应的尺寸链封闭环与之对应。事实上，可以将这些指标转化为各种尺寸链的封闭环。

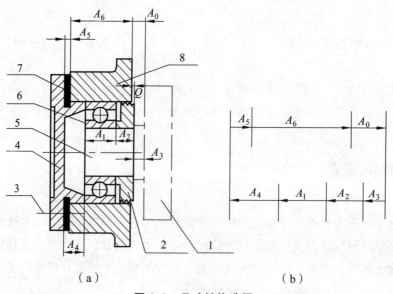

（a）　　　　　　　　　　（b）

图8-6　尺寸链构造图

1—零件；2—甩油盘；3—螺栓联接；4—端盖；5—零件轴颈；
6—轴承；7—密封垫；8—箱体

其次确定与主功能指标相关的其他指标对应的链环。例如，图8-6（a）中的侧面间隙A_0

作为检验轴上零件 1 与箱体内壁的干涉性指标，图 8-6（a）所示的另一个功能指标就是要确保甩油盘 2 有足够的间隙 Q 将油甩回箱内，这两个指标经转换就可以形成如图 8-7（a）所示的关联尺寸链的两个封闭环 A_0 与 Q。

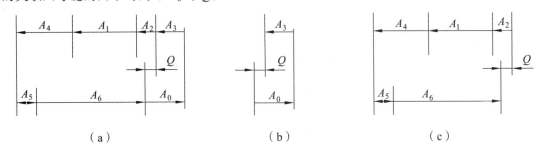

（a）　　　　　　　　　（b）　　　　　　　　　（c）

图 8-7　功能指标与尺寸链转换

第三确立封闭环与组成环的函数关系。在装配尺寸链中，各组成环的尺寸是在产品零件加工过程中得到的，其数值在公差范围内，并符合其尺寸分布规律的随机变量。由尺寸链方程决定的封闭环尺寸，则是一组组成环尺寸随机变量的函数，所以，它也是一个随机变量。因此，封闭环尺寸及其公差的确定，可以采用概率统计的方法。在一定的条件下，用这种方法得到的结果，较为符合实际情况。

显然，不同的尺寸链构造，可以实现不同的功能指标，它们转化得到的封闭环可以由不同的尺寸链基本关系式表达，例如：

图 8-6（b）中，$A_0 = F_a（A_1，A_2，A_3，A_4，A_5，A_6）$ 　　　　（8-1）

图 8-7（b）中，$Q = F_b（A_0，A_3）$ 　　　　（8-2）

图 8-7（c）中，$Q = F_c（A_1，A_2，A_4，A_5，A_6）$ 　　　　（8-3）

由此可见，封闭环是构造尺寸链和解算尺寸链的目标数据。

第四分解关联尺寸链，保证分解后的每一个尺寸链中只有一个封闭环。如图 8-6（a）所示，为了保证箱体内零件 1 运转过程中不与箱体 8 发生干涉，就必须保证装配后自然形成的尺寸 A_0，所以，在该尺寸链中选择 A_0 作为封闭环。

显然，图 8-6（b）中尺寸链组成环比较多，各项误差积累严重，难以直接达到封闭环的要求，所以，选择该尺寸链中组成环 A_2 作为补偿环来保证封闭环的要求，同时可以减轻封闭环对组成环的精度要求。此外，从图 8-6（a）中可以看出，该机器同时还有密封性要求，即保证图 8-6（a）中零件 2 内侧伸入箱体 8 内壁应具有一定的长度 Q。如果组成环公差选择不当，就很难同时满足这两个指标的要求，需要建立关联尺寸链，如图 8-7（a）所示。如何分解关联尺寸链为单一的多个尺寸链，并决定它们的计算顺序也是非常重要的问题，这实际上也决定了各个封闭环对应的性能指标的优先保证顺序。例如，图 8-7（a）可以分解为图 8-7（b）和图 8-7（c）。

对于单一零件而言，在它的各个形体特征组成的尺寸链中，封闭环一般应该是通过后续加工产生或可以保证的尺寸，而不应该是初始形成的形面，否则制造工艺难于实现。如

图 8-8 所示的轴承端盖，可以选择尺寸 A_0 作为封闭环构造尺寸链，从而保证安装长度指标的要求。

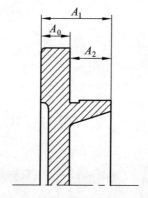

图 8-8　正确选择封闭环举例

封闭环的选择，最终要确保封闭环体现的是各种公差要求的组合约束，是各项功能指标得以实现的直接载体。

8.3.2　步骤 2：查明组成环

在建立尺寸链时应遵守"最短尺寸链原则"，即对于某一封闭环，若存在多个尺寸链，则应选择组成环数最少的尺寸链进行分析计算。可以利用尺寸链的封闭性特点发现尺寸链的组成要素。所谓尺寸链的封闭性，是指尺寸链中的组成环首尾相接与封闭环可以形成一个闭环的链型结构，因此，从封闭环两端相连的任一组成环开始，依次查找相互联系而又影响的封闭环的尺寸，直至封闭环的另一端为止，这其中的每一个尺寸都是尺寸链的组成环。值得注意的是，每个零件由很多几何要素组成，但是，并不一定是所有特征要素都参与组成尺寸链。为了便于查询尺寸链的组成环，应以功能为线索，实现功能的若干参与功能链的零件体素特征作为相应尺寸链的组成环。

为了进一步说明尺寸链组成环的选择，请参考图 8-6（a）。由密封性与干涉性这两项功能指标转换得到的封闭环参数为 Q 和 A_0。影响该封闭环尺寸的所有组成环首尾相连，形成如图 8-7（a）所示的关联尺寸链。根据每一个尺寸链只有一个封闭环的原则，分解这一关链尺寸链时，可以有几种情况，如图 8-6（b）、图 8-7（b）和图 8-7（c）所示。如果选用式（8-1）和式（8-3）联立计算，则要求 A_1、A_2、A_3、A_4、A_5 这些参数既要满足式（8-1），也要满足式（8-3），从而增加了公共环数目，使关系复杂化，不利于计算。而且式（8-3）比式（8-2）组成环的数目多，因此，在同样封闭环公差情况下，对组成环精度的要求更严，使精度分配实现困难。当选用式（8-2）与式（8-1）解算时，尺寸链组成环数和公共环数均减少了，故简化了计算，使精度分配实现相对容易。

【经验总结】最短尺寸链原则的实现技巧：尺寸链组成环与封闭环的选择要恰当，而且应该合理标注相关零件的尺寸，使装配尺寸链遵循最短原则。

例如，图 8-9 所示的轴段，在参与其上零件的轴向定位尺寸链时，若以 A、B 两端面作为长度定位基准面，就应该选择图 8-9（a）而不是图 8-9（b）所示的尺寸标注形式。因为前者只有 A_2 一个尺寸列入装配尺寸链，而后者则有 A_1 和 A_2 两个尺寸列入装配尺寸链。

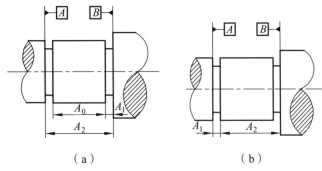

（a）　　　　　　　　　　　　　　　（b）

图 8-9　尺寸标注形式选择

8.3.3　步骤 3：绘制尺寸链图

从封闭环的某一端开始，依次绘制出所有组成环，直至封闭环的另一端形成的封闭图形成为尺寸链图。

尺寸链图只表达尺寸之间的相对位置关系，因此，不需要按比例画出。在尺寸链图中，常用带单箭头的线段表示各环，箭头仅表示查找尺寸链组成环的方向。这其中不仅包括长度尺寸，还包括角度尺寸及其他相关的形状和位置公差。所有这些都将以影响尺寸的传递系数统一其量纲，反映组成环对封闭环影响的大小程度和方向，便于尺寸链解算。之所以这样，是因为功能指标常常受到各种几何形体特征误差的综合影响，因此在构造尺寸链时，"尺寸"必须拓宽其含义，不仅要考虑常规的长度尺寸，还必须要考虑影响尺寸链组成环的形状和位置误差。

如在图 8-9（a）中，轴向零件的精确定位除了各个组成要素的轴向长度尺寸外，各个轴上零件的端面平面度或端面对轴线的垂直度都会影响零件的实际轴向位置，因此，类似于轴、孔配合中的作用尺寸，这些零件的轴向定位取决于组成载体各自的尺寸及形状、位置的综合作用，而组成特征载体的尺寸、形状和位置在其各自设计公差范围的具体位置并没有表现出来。

8.4　尺寸链计算

8.4.1　尺寸链的计算类型

在建立尺寸链之后，需要进行尺寸链组成环精度的分配及尺寸链基本尺寸的检验，这些都需要解算尺寸链。

尺寸链的计算方法是以等公差法或等精度法为基础发展起来的。从原理上讲，尺寸链计算方法一般可分为 3 种方式：极值法、概率法和全微分法。从不同的优化目标出发，还可能按照制造费用最低来分配公差，如田口质量损失法等；此外，根据尺寸链中是否存在补偿环将达到封闭环精度要求的方法，还分为互换性法和补偿法两大类。在尺寸链尤其是组成环较多的线性尺寸链中，采用补偿环降低对各个组成环的精度要求是经常采用的措施之一。

尺寸链计算方法必须与研究对象的制造水平、生产批量和实际装配方法等取得一致。根据计算原理和已知条件的不同，尺寸链计算的类型如表 8-4 所示。

表 8.4　尺寸链计算方式

计算方式		特点与说明	适用场合
校核计算	正计算	已知各组成环的极限尺寸，求封闭环的极限尺寸	验算设计的正确性
设计计算	反计算	已知封闭环的极限尺寸和各组成环的基本尺寸，求各组成环的极限偏差	根据机器的使用要求来分配各零件的公差
	中间计算	已知封闭环和部分组成环的极限尺寸，求某一组成环的极限尺寸	工艺尺寸链计算

在尺寸链计算过程中必须注意：虽然在尺寸链初步形成之后，一开始并不能完全确定组成环的基本尺寸和公差，但是反映功能指标的各种封闭环已经确定下来，而且封闭环的数值也已经量化表示，当然，封闭环的数值量也是允许进行正向微量调整的，这里的"正向"指提高功能指标的方向。对于一般意义上以某一数值 x 的期望值 $\bar{x}$ 为最佳指标的情况，可以形式化统一指标的阈值 P，即

$$P = 1 - \frac{|x - \bar{x}|}{\bar{x}} \tag{8-4}$$

其中，$\bar{x} = \int x P_{(x)} \mathrm{d}x$，表示 x 的期望值。在后续的尺寸链计算中，对 x 的调整量必须保证 P 大于给定的阈值。

8.4.2　极值法求解尺寸链

所谓极值法，即从尺寸链各环的最大与最小极限尺寸出发进行尺寸链计算，不考虑各环实际尺寸的分布情况。

按照此方法计算出来的尺寸来加工各组成环，装配时各组成环不需要挑选或辅助加工，装配后即能满足封闭环的公差要求，实现完全互换。

完全互换法是尺寸链计算中最基本的方法，可以用于上述几种算法类型。

1. 基本计算公式

设尺寸链的组成环数为 m，其中 n 个增环，$m-n$ 个减环，A_0 为封闭环的基本尺寸，A_i 为组成环的基本尺寸，则其封闭环的基本尺寸为

$$A_0 = \sum_{i=1}^{n} \xi_i A_i - \sum_{i=n+1}^{m} \xi_i A_i \qquad (8\text{-}5)$$

对于直线尺寸链，式（8-1）中各项传递系数 $\xi_i = 1$，封闭环的上、下极限尺寸为

$$A_{0\max} = \sum_{i=1}^{n} \xi_i A_{i\max} - \sum_{i=n+1}^{m} \xi_i A_{i\min} \qquad (8\text{-}6)$$

$$A_{0\min} = \sum_{i=1}^{n} \xi_i A_{i\min} - \sum_{i=n+1}^{m} \xi_i A_{i\max} \qquad (8\text{-}7)$$

封闭环的上、下极限偏差为

$$ES_0 = \sum_{i=1}^{n} \xi_i ES_i - \sum_{i=n+1}^{m} \xi_i EI_i \qquad (8\text{-}8)$$

$$EI_0 = \sum_{i=1}^{n} \xi_i EI_i - \sum_{i=n+1}^{m} \xi_i ES_i \qquad (8\text{-}9)$$

封闭环的公差为

$$T_0 = \sum_{i=1}^{n} |\xi_i| T_i \qquad (8\text{-}10)$$

2. 正计算举例

归纳起来，需要进行校核计算的工程问题，可按照以下 5 个步骤进行：

步骤 1：建立尺寸链图；

步骤 2：确定需要校核的封闭环允许公差；

步骤 3：确定各组成环的影响尺寸系数；

步骤 4：计算封闭环的公差；

步骤 5：判断封闭环的公差是否满足允许公差的要求。

【工程实例 8-2】 正计算。

对于【工程实例 8-1】，给定具体的参数，如图 8-6（a）所示。假设备有关尺寸已知，其中， $A_1 = 12_{-0.008}^{0}$ mm， $A_2 = (8 \pm 0.075)$ mm， $A_3 = (3 \pm 0.05)$ mm， $A_4 = (10 \pm 0.075)$ mm， $A_5 = (2 \pm 0.05)$ mm， $A_6 = (24 \pm 0.260)$ mm，试校核所选择的垫片尺寸 A_5 能否保证侧隙 A_0 在 5 ~ 8 mm 之间的要求。

【解】 根据题目要求，可以建立图 8-6（b）所示的尺寸链图，为了套用基本公式求解，首先规则化已知条件。

封闭环就是侧间隙，即图 8-6 中的 A_0，其许可范围为

$$[A_{0\max}] = 8\ \text{mm}，\quad [A_{0\min}] = 5\ \text{mm}，\quad [T_0] = 8 - 5 = 3\ (\text{mm})$$

组成环数为 $m = 6$，再根据尺寸链图中的箭头方向判断增环数 n 为 4，减环数为 2。其中，增环尺寸分别为 A_4，A_1，A_2，A_3，减环尺寸分别为 A_5，A_6。

取 $\xi_i = 1$ ，代入式（8-4），可得封闭环的基本尺寸为

$$A_0 = \sum_{i=1}^{n} \xi_i A_i - \sum_{i=n+1}^{m} \xi_i A_i = (10+12+8+3) - (2+24) = 7 \text{ (mm)}$$

代入式（8-5），可得封闭环的最大极限尺寸为

$$A_{0\max} = (12+8.075+3.05+10.075) - (1.95+23.740) = 7.51 \text{ (mm)}$$

代入式（8-6），可得封闭环的最小极限尺寸为

$$A_{0\min} = (11.992+7.925+2.95+9.925) - (2.05+24.260) = 6.482 \text{ (mm)}$$

代入式（8-7），可得封闭环的公差为

$$T_0 = 0.008 + 0.150 + 0.10 + 0.150 + 0.10 + 0.52 = 1.028 \text{ (mm)}$$

校核结果表明：封闭环的上、下偏差及公差均已在规定范围。

3. 反计算举例

归纳起来，通过尺寸链的计算进行公差分配，可按照以下 3 个步骤进行：

步骤 1：建立尺寸链图，确定各组成环的影响尺寸系数；

步骤 2：以复杂尺寸链、次复杂尺寸链直至简单尺寸链的顺序，查询确定尺寸链图的公共环；

步骤 3：逆复杂顺序求解，从最简单尺寸链开始直至复杂尺寸链，从而完成整个对象的尺寸链解算。

分配公差是一个综合性问题，必须综合考虑设计过程中各个零部件制造的经济性、装配的方便性。由于反计算在分配组成环公差时常用等精度法或等公差法，所以在计算之后，还要根据实际情况调整组成环公差，校验封闭环。

以图 8-6（a）为例，其中要求保证的干涉性与密封性功能指标可以转化为对应的封闭环 A_0 与 Q，进而查询组成环，生成如图 8-6（b）与图 8-7（a）所示的尺寸链图。实际求解时，首先从较为复杂的尺寸链图 8-6（b）开始，找出公共环 A_3 与 A_0，然后写出两个尺寸链的基本关系式，如式（8-2）与式（8-3），进而依据基本关系式组求解。由于设计合理（这个合理性并不是上面方程组有解的充分必要条件，而是主要指尺寸链构造合理），因而未知组成环总能解出来。确定尺寸链复杂程度的意义在于公共环如何确定，一般而言，应该从较为简单的尺寸链中决定。本例中 A_0、Q 是必须保证的，相当于并联尺寸链图图 8-7（a）简化分解成的两个简单尺寸链图的封闭环。其中，Q 是图 8-7（c）尺寸链图的封闭环，A_0 是图 8-7（b）尺寸链图的封闭环，A_3 则依据基本关系式式（8-2）求出，其他组成环尺寸依据基本关系式式（8-3）求出。

等公差法比较简单，即平均分配封闭环公差于每一个组成环，取 $\xi_i = 1$，则

$$T_{av} = \frac{T_0}{m} \tag{8-11}$$

等精度法分配封闭环公差于每一个组成环时，需要保证组成环尺寸具有相同的精度等级系数，根据标准公差计算公式：$T = \alpha \cdot i$，其中 i 是公差单位因子，每一个组成环尺寸的公差单位因子 i_i 取于每一个已知的基本尺寸，α 是公差等级系数，则可以得到公共精度等级系数 α_{av} 为

$$\alpha_{av} = \frac{T_0}{\sum_{i=1}^{m} i_i} \qquad (8\text{-}12)$$

从而，可知道每一个组成环的计算公差为

$$[T]_i = \alpha_{av} \cdot i_i \qquad (8\text{-}13)$$

最后调整时，还需要保证每一个组成环的公差为标准公差，且必须满足：

$$T_0 \geqslant \sum_{i=1}^{m} T_i \qquad (8\text{-}14)$$

式中，T_i 为依据计算公差查取国家标准公差表格得到的组成环公差。

为了计算方便，依据公差因子计算公式，常用尺寸段的部分公差因子列于表 8-5 中。

表 8-5　公差因子 i_i 的值

尺寸分段/mm	1～3	>3～6	>6～10	>10～18	>18～30	>30～50	>50～80	>80～120	>120～180	>180～250
i_i/μm	0.54	0.73	0.90	1.08	1.31	1.56	1.86	2.17	2.52	2.90

等公差法比较简单，下面仅以等精度法举例说明极值法求解尺寸链在反计算过程中的应用。

【工程实例 8-3】反计算。

对于【工程实例 8-1】，给定具体的参数，如图 8-6(a)所示。假设组成环尺寸为 $A_1 = 12$ mm，$A_2 = 8$ mm，$A_3 = 3$ mm，$A_4 = 10$ mm，$A_5 = 2$ mm，$A_6 = 24$ mm，而要求侧隙 A_0 必须在 5～8 mm，试设计其他组成环公差。

【解】根据题意构造的尺寸链图如图 8-6(b)所示，其封闭环为许可公差 $[T_0] = 8 - 5 = 3\,(\text{mm})$。

依据其基本尺寸，查表 8-5，可查得相应的公差因子为 1.08 μm、0.90 μm、0.54 μm、0.90 μm、0.54 μm、1.31 μm，由式（8-12）可以得到公共精度等级系数 α_{av} 为

$$\alpha_{av} = \frac{T_0}{\sum_{i=1}^{m} i_i} = \frac{3 \times 1000}{1.08 + 0.90 + 0.54 + 0.90 + 0.54 + 1.31} = \frac{3\,000}{5.27} = 574$$

查精度等级系数表，可知公共精度等级应为 IT14（$\alpha_{av} = 400$）～IT15（$\alpha_{av} = 640$）。由于其中轴承宽度组成环的精度应该不低于 IT6 级，所以必须进行调整，取 IT5 级（$\alpha_{av} = 7$），其余尺寸公差按照 IT14 级（$\alpha_{av} = 400$）计算。根据基本尺寸和公差等级 IT14 可以查得相应的组成环标准公差如表 8-6 所示。

表 8-6　组成环标准公差

组成环	A_1	A_2	A_3	A_4	A_5	A_6
标准公差/mm	0.008	0.30	0.25	0.30	0.25	0.52

将各项公差代入式（8-13）得

$$T_0 \geqslant [T_0] = \sum_{i=1}^{m} T_i = 0.008 + 0.30 + 0.25 + 0.30 + 0.25 + 0.52 = 1.628 \ (\text{mm})$$

故上述计算结果是正确的。

4. 中间计算举例

【工程实例 8-4】中间计算。

对于轴承端盖零件尺寸链，如图 8-8 所示。假设从装配角度考虑，设计工程图样标注出的尺寸为 $A_1 = (18 \pm 0.055)$ mm 和 $A_2 = (10 \pm 0.075)$ mm，而实际制造时从易于测量角度考虑，首先形成基本尺寸 A_1，通过测量后续加工尺寸 A_0，自然形成尺寸 A_2。为了保证原装配设计要求 A_2，试计算 A_0 的基本尺寸和偏差。

【解】根据题意，参考图 8-8 所示的轴承端盖零件图，可以建立如图 8-10 所示的尺寸链图。

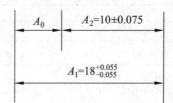

图 8-10　轴承端盖尺寸链图

按照尺寸 A_1、A_0 加工，则 A_2 必须为封闭环，而 A_1 和 A_0 为工序尺寸，且为增、减环。由于组成环皆为平行线性尺寸，所以传递系数 ξ_i 均为 1。

代入基本计算式（8-5）~（8-7），并进行移项操作，可以得到

$$A_0 = A_1 - A_2 = 18 - 10 = 8 \ (\text{mm})$$

$$ES_2 = ES_1 - EI_0$$

$$EI_0 = ES_1 - ES_2 = 0.055 - 0.075 = -0.020 (\text{mm})$$

$$EI_2 = EI_1 - ES_0$$

$$ES_0 = EI_1 - EI_2 = -0.055 - (-0.075) = +0.020 (\text{mm})$$

故 A_0 尺寸为 (8 ± 0.020) mm，即可保证原始设计尺寸 A_2 的要求。

【经验总结】中间计算过程封闭环的确认。

这类问题也属于设计计算问题,解这类类型工程问题的核心是要明确真正的封闭环是什么。

8.4.3 概率法计算

生产批量不同,其实际尺寸的分布规律也不相同。当尺寸链组成环数较多时,无论各组成环误差分布以什么分布(正态、非正态),其封闭环的分布都是一个非常接近正态的分布,这可以利用卷积从组成环的分布函数推导出。由概率理论可知,加工一批零件,其尺寸的实际值都等于极限值的概率很小,因此使用极值法解尺寸链,对零件尺寸要求过严,使得加工困难、成本增高。

用概率法计算尺寸链,更符合具有一定生产批量的实际需要。所谓概率统计法,是根据零件实际尺寸的分布规律,应用概率论的原理,从零部件可以完全互换或大数互换的要求出发,依据各环尺寸的误差分布特性而求解的计算方法。采用概率法,不是在全部产品中,而是在绝大多数产品中,装配时不需要挑选或修配就能满足封闭环的公差要求,即保证大数互换。

在一定使用期、一定制造工艺水平下,实际尺寸的数学期望值是有一定趋向性的。在用概率统计法解尺寸链时,将尺寸链各环视为随机变量,其误差分布不同于正态分布时,采用两个系数,即相对不对称系数 e 和相对分布系数 k 来修正。

1. 相对不对称系数 e

定义上偏差和下偏差的平均值为中间偏差,并且可以表示为

$$\Delta = (ES + EI)/2 \tag{8-15}$$

中间偏差不同于平均偏差 $\bar{x}$,如图 8-11 所示。平均偏差是全部尺寸偏差的平均值,即等于所有实际尺寸 L_i 的平均值与基本尺寸 L 的差值,可以表示为

$$\bar{x} = \frac{1}{n}\sum_{i=1}^{n} L_i - L \tag{8-16}$$

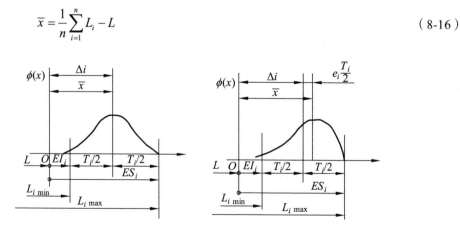

图 8-11 平均偏差

各种分布的相对不对称系数可以表示为

$$e = (\overline{x} - \Delta)/(T/2) \qquad (8\text{-}17)$$

式中，T 表示公差值。为方便计算，将常用分布的相对不对称系数列于表 8-7 中。

表 8-7　相对不对称系数 e 和相对分布系数 k

分布特征	正态分布	三角分布	均匀分布	瑞利分布	偏态分布 外尺寸	偏态分布 内尺寸
分布曲线						
e	0	0	0	-0.28	0.26	-0.26
k	1	1.22	1.73	1.14	1.17	1.17

2. 相对分布系数 k

标准偏差和基于一定置信度（通常为 99.73%）下的半公差之比称为相对标准偏差；而任意分布相对标准偏差与正态分布时的相对标准偏差之比，称为相对分布系数，用 k 表示，为方便计算，列于表 8-6 中。

3. 概率法计算基本公式

为计算方便，将各组成环所有理论尺寸转化为具有对称公差的形式：

$$D = E(D) \pm \Delta \qquad (8\text{-}18)$$

此时，封闭环的中间偏差可以由组成环的中间偏差 Δ_i 表示。

$$\Delta_0 = \sum_{i=1}^{m} \xi_i \Delta_i \qquad (8\text{-}19)$$

在考虑相对不对称系数 e_i 之后，封闭环中间偏差又可以表示为

$$\Delta_0 = \sum_{i=1}^{m} \xi_i (\Delta_i + e_i T_i / 2) \qquad (8\text{-}20)$$

这样，可以将注意力集中于确定公差值大小这一核心。当实际上不属于对称分布时，在公差确定之后，按照具体要求参考不同分布的相对不对称系数，然后逆映射成所需要的格式即可。对于尺寸链的组成环而言，在转换为对称公差形式之后，则有如下基本关系式：

$$\left.\begin{aligned} ES &= D_{\max} - E(D) \\ EI &= D_{\min} - E(D) \\ D_{\max} &= E(D) + \Delta \\ D_{\min} &= E(D) - \Delta \end{aligned}\right\} \qquad (8\text{-}21)$$

其中，Δ 为中间偏差，$E(D)$ 为基本尺寸的估计值，它实际上受到基本偏差的影响。无特别声明，计算过程遵循体内原则，即外尺寸按照基轴制的公差带，内尺寸按照基孔制的公差带，其他尺寸按照相对零线对称布置的公差带。

根据式（8-5）可知，封闭环 A_0 本质上是所有组成环 A_i 的函数，而且在实际加工和装配过程中，每一组成环尺寸的获得彼此间并无关系，可以视为彼此相互独立的随机变量，则可以按照随机函数的标准偏差求法得到封闭环的标准偏差为

$$\sigma_0 = \sqrt{\sum_{i=1}^{m} \xi_i^2 \sigma_i^2} \tag{8-22}$$

若组成环和封闭环尺寸偏差均服从正态分布，且具有相同的置信概率，则此时的封闭环公差与组成环公差的关系有

$$T_0 = \sqrt{\sum_{i=1}^{m} \xi_i^2 T_i^2} \tag{8-23}$$

实际计算时，引入相对分布系数修正其不同的分布状态，可以得到任意分布形式下封闭环的公差计算公式为

$$T_0 = \sqrt{\sum_{i=1}^{m} \xi_i^2 k_i^2 T_i^2} \Big/ k_0 \tag{8-24}$$

式中，k_i 表示各组成环的相对分布系数，k_0 表示封闭环的相对分布系数。

【工程实例 8-5】概率法设计组成环公差。

对于【工程实例 8-3】的已知条件，试用概率法设计其组成环的公差。

【解】设尺寸链中的各组成环尺寸偏差均接近正态分布，则 ki = k0 = 1，又因为尺寸链为线性尺寸链，则 $|\xi_i| = 1$，按照等精度法计算，代入式（8-23）可以得到

$$T_0 = \sqrt{\sum_{i=1}^{m} T_i^2} = \sqrt{\sum_{i=1}^{6} \alpha_{av}^2 (0.45\sqrt[3]{A_i} + 0.001A_i)^2}$$

$$\alpha_{av} = T_0 \div \sqrt{\sum_{i=1}^{6} (0.45\sqrt[3]{A_i} + 0.001A_i)^2}$$

将各值代入，得

$$\alpha_{av} = \frac{3 \times 1000}{\sqrt{1.08^2 + 0.90^2 + 0.54^2 + 0.90^2 + 0.54^2 + 1.31^2}} = \frac{3\,000}{4.274} = 701.6$$

查精度等级系数表可知，公共精度等级应为 IT15（$\alpha_{av} = 640$）~ IT16（$\alpha_{av} = 1\,000$）。与【工程实例 8-3】相同，由于其中轴承宽度组成环的精度应该不低于 IT6 级，所以必须进行调整，取 IT5 级（$\alpha_{av} = 7$），其余尺寸公差按照 IT15 级（$\alpha_{av} = 640$）计算。根据基本尺寸和公差等级 IT15，查询标准公差表格得到组成环的公差如表 8-8 所示。

表 8-8 组成环的公差

组成环	A_1	A_2	A_3	A_4	A_5	A_6
标准公差/mm	0.008	0.58	0.40	0.58	0.40	0.84

由式（8-24）得到封闭环公差的计算值为

$$[T_0] = \sqrt{0.008^2 + 0.58^2 + 0.40^2 + 0.58^2 + 0.40^2 + 0.84^2} \text{ mm} = 1.303 \text{ mm} < T_0 = 3 \text{ mm}$$

可以看出，封闭环的计算公差$[T_0]$小于技术条件给定的公差 T_0，所以给定的组成环公差是正确的。

从以上计算结果还可以看出，与极值法计算比较，概率法确定的组成环公差值要大，而实际上出现不合格的可能性却很小，因而给生产带来较大的经济效益。

8.4.4 其他计算方法

在某些场合，为了获得更高的装配精度，而生产条件又不允许提高组成环的制造精度时，可采用分组互换法、修配法和调整法等来完成这一任务。其本质是通过挑选、修配和增加补偿环等手段，达到扩大组成环的制造公差，降低制造成本，而同时又能得到较高的装配精度之目的。

但是，从精度设计角度考虑，除了上述尺寸链计算方法之外，有许多新兴计算方法，如并行公差优化设计法等，这里不再叙述，可以参考其他资料。

参考文献

[1] 王伯平. 互换性与测量技术基础[M]. 4 版. 北京：机械工业出版社，2013.

[2] 周兆元. 互换性与测量技术基础[M]. 4 版. 北京：机械工业出版社，2018.

[3] 庞学慧. 互换性与测量技术基础[M]. 2 版. 北京：电子工业出版社，2015.

[4] 张秀娟. 互换性与测量技术基础[M]. 北京：清华大学出版社，2013.

[5] 朱文峰，李晏，马淑梅. 互换性与技术测量[M]. 上海：上海科学技术出版社，2017.

[6] 马惠萍. 互换性与测量技术基础案例教程[M]. 北京：机械工业出版社，2014.

[7] 杨沿平. 机械精度设计与检测技术基础[M]. 2 版. 北京：机械工业出版社，2013.

[8] 应琴. 机械精度设计与检测[M]. 成都：西南交通大学出版社，2011.

[9] 蒋庄德，苑国英. 机械精度设计基础[M]. 西安：西安交通大学出版社，2017.

[10] 全国产品尺寸和几何技术规范标准化技术委员会. 优先数和优先数系：
GB/T 321—2005[S]. 北京：中国标准出版社，2005.

[11] 全国产品尺寸和几何技术规范标准化技术委员会. 产品几何技术规范（GPS）极限
与配合 第 2 部分：标准公差等级和孔、轴极限偏差表：GB/T 1800.2—2009[S]. 北
京：中国标准出版社，2009.

[12] 全国产品尺寸和几何技术规范标准化技术委员会. 产品几何技术规范（GPS）极限
与配合 第 1 部分：公差、偏差和配合的基础：GB/T 1800.1—2009 [S]. 北京：中
国标准出版社，2009.

[13] 全国产品尺寸和几何技术规范标准化技术委员会. 产品几何技术规范（GPS）极限
与配合 公差带和配合的选择：GB/T 1801—2009 [S]. 北京：中国标准出版社，2009.

[14] 全国产品尺寸和几何技术规范标准化技术委员会. 产品几何技术规范（GPS) 几何公
差 检测与验证：GB/T 1958—2017 [S]. 北京：中国标准出版社，2017.

[15] 全国产品尺寸和几何技术规范标准化技术委员会. 产品几何技术规范(GPS) 几何
公差 基准和基准体系：GB/T 17851—2010[S]. 北京：中国标准出版社，2010.

[16] 全国产品尺寸和几何技术规范标准化技术委员会. 产品几何技术规范（GPS）几何
公差 形状、方向、位置和跳动公差标注：GB/T 1182—2008[S]. 北京：中国标准出

版社，2008.

[17] 全国产品尺寸和几何技术规范标准化技术委员会. 产品几何量技术规范(GPS) 几何公差 位置度公差注法：GB/T 13319—2003 [S]. 北京：中国标准出版社，2003.

[18] 全国产品尺寸和几何技术规范标准化技术委员会. 产品几何技术规范（GPS）几何公差 最大实体要求、最小实体要求和可逆要求：GB/T 16671—2009[S]. 北京：中国标准出版社，2009.

[19] 全国产品尺寸和几何技术规范标准化技术委员会. 产品几何技术规范（GPS）表面结构 轮廓法 图形参数：GB/T 18618—2009 [S]. 北京：中国标准出版社，2009.

[20] 全国产品尺寸和几何技术规范标准化技术委员会. 产品几何技术规范（GPS）表面结构 轮廓法 表面粗糙度参数及其数值：GB/T 1031—2009[S]. 北京：中国标准出版社，2009.

[21] 全国产品尺寸和几何技术规范标准化技术委员会. 产品几何量技术规范（GPS）表面结构 轮廓法 表面粗糙度 术语 参数测量：GB/T 7220—2004 [S]. 北京：中国标准出版社，2004.

[22] 全国滚动轴承标准化技术委员会. 滚动轴承 通用技术规则：GB/T 307.3—2017[S]. 北京：中国标准出版社，2017.

[23] 全国滚动轴承标准化技术委员会. 滚动轴承 配合：GB/T 275—2015[S]. 北京：中国标准出版社，2015.

[24] 全国滚动轴承标准化技术委员会. 滚动轴承 公差 定义：GB/T 4199—2003[S]. 北京：中国标准出版社，2003.

[25] 全国滚动轴承标准化技术委员会. 滚动轴承 测量和检验的原则及方法：GB/T 307.2—2005 [S]. 北京：中国标准出版社，2005.

[26] 全国滚动轴承标准化技术委员会. 滚动轴承 向心轴承 产品几何技术规范（GPS）和公差值：GB/T 307.1—2017[S]. 北京：中国标准出版社，2017.

[27] 全国滚动轴承标准化技术委员会. 滚动轴承 推力轴承 产品几何技术规范（GPS）和公差值：/T 307.4—2017[S]. 北京：中国标准出版社，2017.

[28] 全国紧固件标准化技术委员会. 紧固件 螺栓、螺钉和螺柱 公称长度和螺纹长度：GB/T 3106—2016[S]. 北京：中国标准出版社，2016.

[29] 全国螺纹标准化技术委员会. 螺纹 术语：GB/T 14791—2013[S]. 北京：中国标准出版社，2013.

[30] 全国机械轴与附件标准化技术委员会. 花键基本术语：GB/T 15758—2008[S]．北京：中国标准出版社，2008.

[31] 全国机械轴与附件标准化技术委员会. 矩形花键尺寸、公差和检验：GB/T 1144—2001[S]．北京：中国标准出版社，2001.

[32] 全国齿轮标准化技术委员会. 齿轮 术语和定义 第 1 部分：几何学定义：GB/T 3374.1—2010 [S]．北京：中国标准出版社，2010.

[33] 全国齿轮标准化技术委员会. 齿轮几何要素代号：GB/T 2821—2003[S]．北京：中国标准出版社，2003.

[34] 全国齿轮标准化技术委员会. 圆柱齿轮 精度制 第 1 部分：轮齿同侧齿面偏差的定义和允许值：GB/T 10095.1—2008[S]．北京：中国标准出版社，2008.

[35] 全国齿轮标准化技术委员会. 圆柱齿轮 精度制 第 2 部分：径向综合偏差与径向跳动的定义和允许值：GB/T 10095.2—2008[S]．北京：中国标准出版社，2008.